U0370222

农产品安全生产技术丛书

辣（甜）椒
安全生产技术指南

王述彬　潘宝贵　刁卫平　编著

中国农业出版社

前 言

辣椒在我国广泛栽培，现已发展成为第二大蔬菜作物，常年种植面积稳定在 2 000 万亩左右，总产量达到 3 700 万吨，分别占世界辣椒总面积的 35% 和总产量的 46%。贵州、江西、湖南、河南、四川、山东、安徽、广东、广西、河北、陕西、湖北等省种植面积超过 100 万亩，其中湖南、江苏、贵州还将辣椒列为主要农作物。

辣椒含有丰富的维生素、矿物质、碳水化合物及少量蛋白质，风味独特，深受消费者喜爱，产品的市场需求大，种植的经济效益高，全国 160 多个县（乡、镇）将辣椒作为重要的特色农产品，甚至作为支柱产业加以发展。近年来，由于我国辣椒加工技术的不断发展与创新，促进了辣椒加工业的发展，规模较大的企业有 200 多家，形成了"老干妈"、"老干爹"、"乡下妹"、"坛坛香"、"辣妹子"等知名品牌。

随着我国设施蔬菜日益发展，日光温室、塑料大（中）棚辣椒生产规模正不断扩大，辣椒的生产和市场供应将日趋均衡。设施栽培具有受自然条件影响小、栽培环境易于控制、栽培期长、产量高、质量好、效益好的优势，可根据市场需求灵活调节生产时间和产品上市时间，避免产品上市时间过于集中而影响经济收入，是辣椒高产、高效栽培的发展方向。

近年来，人们对蔬菜的品质尤其是安全品质特别重视，国内不少市场已实行蔬菜市场准入制，而国际市场绿色壁垒更是森严，因此，辣椒生产应在符合无公害农产品标准的产地环境中，遵循无公害农产品的生产流程，科学管理，确保辣椒产品优质与安全。

本书从辣椒的生物学特征及对环境条件的要求入手，介绍了近年来国内外育成的优质、多抗、专用的辣(甜)椒新品种；针对我国目前辣椒生产现状，详细介绍了日光温室、塑料大(中)棚、露地辣椒栽培的主要茬口，以及穴盘育苗、膜下滴灌、肥水一体化、病虫害综合防治等安全生产技术。这些技术的集成与应用来源于实践，对我国辣椒生产可持续发展将起到指导与参考作用。

由于编者水平有限，编写时间仓促，书中不当之处在所难免，敬请读者批评指正。

编著者

2012 年 10 月

目 录

□□□□□□□□□□□□□□□□□

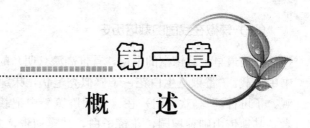

概 述

第一节 辣椒的起源与发展

一、辣椒的起源与传播

(一)辣椒的起源

辣椒属茄科辣椒属,原产中南美洲的墨西哥、秘鲁等地。在墨西哥拉瓦坎谷出土遗迹中,发现了公元前 6500～5000 年的辣椒化石;在秘鲁公元前 2000 年的古墓中,发现了干辣椒及其栽培的种子。我国发现野生椒是在 20 世纪 70 年代,在云南西双版纳原始森林中发现了野生椒中的小米椒。

(二)辣椒的传播

15 世纪末,哥伦布发现新大陆后,辣椒也随之远离故土,公元 1493 年传入西班牙、匈牙利,1542 年随葡萄牙传教士到达印度、土耳其,1548 年传入英国。到 16 世纪中叶时,辣椒已传遍整个中欧地区。1542 年传入印度和日本,17 世纪相继传入东南亚各国。

辣椒约在明朝末年(17 世纪 40 年代)经丝绸之路和海路传入中国,一路经东南亚海道传入,在广东、广西、云南等地区栽培,另一路经丝绸之路传入,在甘肃、陕西等地区栽培。

（三）辣椒在我国的栽培历史

我国最早记载辣椒的书籍，首推高濂（明）的《遵生八盏》，书中记载："番椒丛生白花，子俨似秃笔状，味辣，色红，甚可观，子可种。"马欢（明）在《瀛崖胜览》中记载："苏门答剌者，其地依山则种椒园，花黄子白，其实初青，老则红。"汤显祖（明）在《牡丹亭》中记述了园中赏花时，曾精美绝妙赞颂过"辣椒花"。王象晋（明）在《群芳谱》上也有较细腻的记载，称辣椒为"番椒"。陈淏子（清）在《花镜》中记述："番椒，一名海疯藤，俗名辣茄……丛生白花，秋深结子……其味最辣。"蒲松龄（清）在《农桑经》中依照植物学分类的特点，将"番椒"列入花谱。"

二、辣椒的营养价值及其保健功能

（一）辣椒的营养价值

辣椒的营养价值很高，含有丰富的 B 族维生素、维生素 C、蛋白质、胡萝卜素、铁、磷、钙、碳水化合物等，是营养成分极其丰富的一种蔬菜作物（表 1）。辣椒中的维生素 C 含量在蔬菜作物中居第一位，约比茄子多 35 倍，是番茄的 7～15 倍，比大白菜多 3 倍，比白萝卜多 2 倍，有"蔬菜中的猕猴桃"之说。

表 1　辣椒的营养成分（每 100 克食用部分）

成　　分	辣　椒	青甜椒	红甜椒
水分（克）	92.4	93.9	91.5
蛋白质（克）	1.6	0.9	1.3
脂肪（克）	0.2	0.2	0.4
碳水化合物（克）	4.5	3.8	5.3
热量（千焦）	108.8	87.9	125.9

（续）

成 分	辣 椒	青甜椒	红甜椒
粗纤维（克）	0.7	0.8	0.9
灰分（克）	0.6	0.4	0.6
钙（毫克）	12	11	13
磷（毫克）	40	27	36
铁（毫克）	0.8	0.7	0.8
维生素 A（毫克）	0.73	0.36	1.6
维生素 B_1（毫克）	0.04	0.04	0.06
维生素 B_2（毫克）	0.03	0.04	0.08
烟酸（毫克）	0.3	0.7	1.5
维生素 C（毫克）	185	89	159

辣椒还含有丰富的辣椒碱、二氢辣椒碱、酞香荚兰胺等，故有辛辣味；另外，还含有核黄素、辣椒红素、辣椒玉红素、胡萝卜素等色素类物质，以及柠檬酸、酒石酸、苹果酸等有机酸类物质。

（二）辣椒的保健医疗功能

辣椒有多种保健医疗功能。据姚可成（明）《食物本草》记载：辣椒"消宿食，解结气，开胃中，辟邪恶，杀腥气诸毒"。据赵学敏（清）《本草纲目拾遗》记载：辣椒"食物宜忌云：性辛苦大热，温中下气，散寒除湿，开郁去痰消食，杀虫解毒。治呕逆，疗噎膈，止泻痢。……药检云：味辛，性大热，入口即辣舌，能祛风行血，散寒解郁，导滞止泻，擦癣。"

（1）辣椒能燃烧脂肪。辣椒中含有辣椒素，加速脂肪的新陈代谢，促进能量的消耗，从而防止体内脂肪聚集。在有些国家，人们认为辣椒是女性的"补品"，认为辣椒除了有杀菌作用外，其中的辣椒素可以促进荷尔蒙分泌，加速新陈代谢，以达到燃烧体内脂肪的效果，从而起到减肥作用，而且辣椒成分天然可靠。此外，在某些以辣食为主的地区，当地女性不但少有暗疮问题，皮肤也大多光滑细腻。

（2）辣椒能助颜。辣椒可促进血液循环：将辣椒素涂在皮肤上，会扩张微血管，促进血液循环，从而使皮肤发红、发热。目前已有厂商利用这些原理，把辣椒素放入袜子里，成为"辣椒袜"，供冬天保暖用。辣椒可减轻感冒的不适症状：千百年来，辛辣的食物常被认为可以发汗祛痰，现在发现好像也是如此。辛辣的食物可以稀释分泌的黏液，以免阻碍呼吸道。加州大学教授艾文奇曼甚至说："许多在药房出售的感冒药、咳嗽药的功效和辣椒完全一样，但我觉得吃辣椒更好，因为它完全没有副作用。"

（3）辣椒能止痛。辣椒中的辣椒素可以减少神经细胞的 P 物质，使疼痛信号的传递变得不灵敏。辣椒可用于治疗风湿，一种含有辣椒素的油膏对减轻带状疱疹的痛苦很有效，被用来缓解带状疱疹、三叉神经痛等疼痛。在红色、黄色的辣椒、甜椒中存在辣椒红素，辣椒红素是类胡萝卜素的一种，也是目前热门的抗氧化剂。生辣椒的维生素 C 含量比橙、柠檬多，一只鲜红椒提供的维生素 A 几乎达到营养专家建议的每日需要量的一半。

（4）辣椒可以防癌。据研究，辣椒中的类胡卜素不但有益于视力，而且也具有抗细胞突变的作用。从流行病学的研究来看，许多嗜辣的民族如东南亚各国以及印度等，罹患癌症的概率都比西方国家少。科学家推测，这些辛辣的食物中，除辣椒红素外，还有许多抗氧化的物质。氧化和慢性病、癌症及老化本来就有直接的关联。最近美国夏威夷大学研究指出，辣椒、胡萝卜等蔬菜中类胡萝卜素能刺激细胞间传达讯息的基因（因为器官癌变时，细胞间交换信息的系统会发生故障），这可能在预防癌症上有重要的功用。

（5）辣椒可以预防动脉硬化。一根红辣椒中含有一日所需的 β-胡萝卜素，而 β-胡萝卜素是强抗氧化剂，可以抑制低密度胆固醇（LDL）被氧化成有害的形态。胆固醇一旦被氧化，就像奶油没放进冰箱一样，会变坏，变坏的物质阻塞动脉。换句话说，正是 β-胡萝卜素在动脉硬化的初始阶段，就开始干预氧化的发生。

第二节　辣椒生物学特性

一、植物学形态特征

（一）根

辣椒根系由主根和侧根组成。主根粗壮，多为纵向生长，可入土 20～30 厘米，侧根较细，向两侧生长，入土相对较浅。辣椒根群主要分布在植株周围 40～50 厘米、深 10～15 厘米的土层中。辣椒根系的木栓化程度较高，损伤后恢复能力差。根系通过根尖未木栓化的部分吸收土壤水分和营养物质，生产上通常通过移苗切断主根，促进植株根系萌生出大量的侧根，增加根系的吸收面积。定植时，尽量保护好幼苗的根系，以减轻移栽后幼苗的萎蔫程度，有利于缩短缓苗时间。

（二）茎

辣椒茎多直立，木质部较发达。不同品种茎的分枝性、直立性不同。早熟品种一般生长势较弱，分枝能力强，节间短，主茎高约 20 厘米。晚熟品种一般生长势较强，分枝能力较弱，节间相对较长，主茎高度 20 厘米以上。门椒以下叶腋中发生腋芽，腋芽抽生为抱脚枝（侧枝）。

辣椒植株多为双杈分枝，也有三杈分枝，主枝和侧枝均可结果。主茎分枝习性很有规律，有无限分枝和有限分枝两种类型。生产上使用的辣椒品种绝大多数都是以无限分枝类型为主。有限分枝类型的品种产量低，一般用于生产干椒或观赏。

(三) 叶片

辣椒的叶片有子叶和真叶两种类型。首先出土的两片叶片称为子叶,对生;之后长出来的叶片为真叶,单叶互生。叶片是辣椒植株进行光合作用、制造营养物质的主要器官。子叶出土后,必须细心呵护,不能染病、损伤或碰落,有利于早期幼嫩苗的生长。叶片形状有披针形、卵圆形、椭圆形等,全缘,先端尖锐,叶面光滑,有光泽,少数品种的叶柄着生短绒毛。叶片颜色因品种而异,生产上以绿色或浅绿色为最常见,少数品种叶色为墨绿色或紫色,生产上常利用叶片颜色的深浅作为植株营养状况的指标。叶片营养丰富,通常可以采摘嫩茎叶和成长叶作蔬菜食用,育种家也培育出了叶用型的辣椒品种。

(四) 花

辣椒的花是两性花,大部分品种为单生花,斜朝下开放,自交授粉结实为主,天然杂交率5%左右,属于常异交植物。花瓣颜色多为白色,少量品种为紫色或蓝色,花冠白色或绿白色。萼片绿色,不易脱落,花萼基部连成萼筒呈钟形,先端5齿。花冠基部合生,呈辐射状,先端5～6裂,基部有蜜腺。雄蕊5～6枚,由花丝和花药组成,花丝呈丝状,花药位于花丝先端,多为蓝色,纵裂散出花粉。雌蕊1枚,由子房、花柱和柱头组成,柱头有刺状隆起,便于黏附花粉。辣椒的子房以2心室为主,少数3室或多室。按照花柱和花丝的长短差异,可分为长花柱花、等花柱花和短花柱花,长花柱花坐果率最高,短花柱花由于柱头短,授粉机会少,不易坐果。花序梗有直立和非直立两种,生产上鲜食辣椒多为非直立(即果柄向下生长)品种,朝天椒多为直立品种。

(五) 果实

辣椒果实为浆果,食用部分是果皮。果皮与胎座之间有一个空腔，由隔膜把其分成多个心室。胎座上着生种子，胎座和隔膜中辣椒素含量最高。辣椒主茎第一分杈"门椒"坐果后，主枝坐果依次为"对椒"、"四门斗"、"八面风"、"满天星"等。果实形状因品种而异，主要有灯笼形、牛角形、羊角形、线形、圆球形等。不同品种之间果实质量差异很大，小的只有几克，大的可达到 500 克左右。

辣椒从授粉到商品果成熟（绿熟期）约 22～30 天，早春温度偏低，商品果成熟时间较长，进入 5 月份，温度较高则商品果成熟时间缩短。生物学成熟期（老熟期）约 50～60 天。

（六）种子

辣椒种子主要着生在胎座上，是喜暗（或嫌光）种子，呈扁平状，微皱，形似肾脏。胎座和种子的辣椒素含量高。新种子颜色一般为（淡）黄色。少数辣椒种子的颜色为黑色。辣椒种子的大小及千粒重因品种而异。辣椒种子的千粒重低于甜椒，中等大小的种子千粒重一般为 6～7 克。新鲜种子表面有光泽。辣椒种子寿命一般 5～7 年，商品种子一般使用年限 2～3 年。

二、对环境条件的要求

（一）对温度的要求

辣椒属于喜温类型蔬菜，不耐寒，怕霜冻，生长发育的界限温度为 12～35℃，适宜的生长温度为 22～30℃，以白天温度 22～28℃、夜间温度 15～20℃为佳。

辣椒植株不同生长发育时期对温度的要求有所差异。种子发芽期适宜温度较高，为 28～30℃，低于 15℃或高于 35℃种子不易发芽；幼苗期生长适宜温度白天 25～30℃、夜间 17～20℃，过低会造成僵苗，过高易引起幼苗徒长；开花坐果期适宜温度白天 22～25℃、夜晚 16～20℃，低于 15℃或高于 35℃则授粉受精不良，结果率下降，易引起落花落果，易形成畸形果；商品果成熟期适宜的温度为 25～30℃，以红椒或彩色椒为生产目标的要求较高，过高或过低的温度不利于果实转色。

（二）对光照的要求

辣椒为喜光植物，但对日照没有严格要求，在长日照或短日照条件下都能开花结果，接近于中日照植物。辣椒的光饱和点为 30 000 勒克斯，光补偿点 1 500 勒克斯。不同生育期对光照的要求不同。除种子发芽要求黑暗（避光）外，其余阶段都需要适宜的光照。幼苗期要求较强光照；开花坐果期要求中等强度的光照，过强光照容易引起光抑制、植株发生病毒病和果实日灼病。辣椒深冬茬栽培和早春茬保护地栽培，低温、弱光照为典型的栽培环境，常常引起植株落花落果，产生畸形果，植株徒长，病虫害加重，需要适当采取增光、补光措施，以改善中下层叶片的光照强度和光照时间。

（三）对营养的要求

辣椒吸收的氮素主要有铵态氮（NH_4^+）和硝态氮（NO_3^-），也吸收一部分有机态氮，如尿素。适宜的氮肥可促进辣椒植株的正常营养生长。氮肥施用过多时，容易造成植株徒长，甚至倒伏和被病虫害侵害；氮肥不足时，又会引起辣椒植株矮小、分枝能力降低、叶片小而薄、叶片自下逐渐向上发黄、果实变小且易脱落，产量低，品质差。

磷主要以 $H_2PO_4^-$ 和 HPO_4^{2-} 形式被吸收，磷肥有利于辣椒花的形成与发育，促进分枝和根系生长。土壤缺磷，易形成短花柱花，不易坐果，甚至导致果面出现紫斑。

钾肥在水中或湿润的环境中解离成 K^+ 被辣椒根系吸收，土壤缺钾，膨果受阻，易产生畸形果。增施钾肥，可以提高植株的抗病性和抗旱性，促进果实的膨大。

辣椒对氮、磷、钾（肥料三要素）的需求量较高，不同的生长发育阶段对营养成分的需求量也不同。辣椒施肥以有机肥为主，化肥为辅，在合理施用氮、磷、钾肥料的基础上，需要增施少量含钙、镁、硼、锌等微量元素肥料，以达到抗病、优质、高产的目的。多施或偏施化肥，都会破坏土壤结构并使盐分积累在土壤中，易造成土壤盐渍化。

（四）对水分的要求

辣椒比较耐旱，不耐涝，对水分要求比较严格。吸收充足的水分，是辣椒种子萌发的先决条件；如果播种过深或者遭受长期淹水，土壤中氧含量降低，会影响根系正常有氧呼吸，明显抑制根系生长和分化，不利于种子萌发。定植后，如果大棚和日光温室内土壤含水量过高、积水时间过长或发生涝害，会导致植株根系发育不良，引起沤根甚至发生根腐病、枯萎病、青枯病等病害，导致植株萎蔫、死亡。加强植株开花坐果期和商品果实成熟期水分管理，保持土壤相对含水量80%，如若土壤供水不足，容易引起落花落果、阻碍果实膨大、果面皱缩、光泽暗，严重影响果实外观品质。

由于设施辣椒采用保护地栽培，空气湿度对其生长发育影响也很大，适宜的空气湿度为60%～80%。湿度偏大，影响授粉，导致落花，容易形成僵果，高湿环境还能诱发多种病害。

（五）对气体的要求

辣椒种子发芽和根系生长对空气要求严格。种子发芽需要充足的氧，浸种时间过长或播种床含水量过高，容易造成烂芽。长期涝害会形成厌氧的根际环境，植株容易发生沤根，诱发根腐病、青枯病等。冬季和早春塑料大棚和日光温室栽培，在晴朗的天气时，设施内温度较高，二氧化碳（CO_2）浓度较低，会使辣椒光补偿点提高，不利于光合产物积累，应该在中午前后适当通风换气，降低室温，提高 CO_2 浓度。增施 CO_2 气肥，可保证辣椒叶片光合作用高效运转。

空气中的硫化物、氟化物、氯化物等有害气体，会随雨水降落到地面和灌溉水中，使土壤酸化程度加重，污染辣椒产品。为保证辣椒无公害生产，在建设辣椒基地选址时，必须充分考察周边是否存在释放有害气体的工厂。

（六）对土壤的要求

辣椒生长对土壤的要求不十分严格，但以沙壤土生长为好。要求土壤无污染，耕作层深厚，地势平坦，排灌方便，土壤结构适宜，理化性状良好，有机质含量高于15克/千克，速效氮含量高于70毫克/千克，速效磷含量高于50毫克/千克，速效钾含量高于100毫克/千克，土壤全盐含量低于3克/千克，土壤呈中性或弱酸性（pH6.5～7.2）。

第三节　我国辣椒生产概况

一、生产现状

（一）辣椒种植面积与产量

自20世纪90年代以来，在辣椒鲜食产品与加工制品市场不断增长的推动下，我国辣椒产业得到了快速发展，辣椒的生产区域基本稳定，种植面积和产量持续增加，辣椒生产呈现出基地化、规模化、区域化的特点，不但解决了我国辣椒市场的周年供应问题，同时也带动了运输业、加工业等相关产业的发展。

辣椒是我国广泛栽培的蔬菜作物，全国各地区均有辣椒种植，其中面积较大的省份有湖南、贵州、江西、安徽、河南、山东、四川、江苏、广东等，年播种面积均在 6.7 万公顷（100 万亩①）以上，在东北、华北、西北以及海南等地形成了稳定的杂交品种的种子生产基地。

辣椒为我国第二大蔬菜作物，年种植面积 133 万公顷（2 000万亩）左右，占全国蔬菜作物总面积的 7.4%，总产量 2 800 万吨，居蔬菜作物之首位；总产值 700 亿元，占蔬菜作物总产值的10%。我国辣椒的种植面积和总产量分别占全球的 35% 和 46%，均位居世界第一位。

（二）辣椒产品加工

我国辣椒加工企业规模较大的有 200 多家，主要为初加工产品，开发了油辣椒、剁辣椒、辣椒酱、辣椒油等，著名品牌有"老干妈"（贵州）、"老干爹"（贵州）、"坛坛香"（湖南）、"辣妹子"（湖南）等。我国辣椒深加工也取得了明显进展，如辣椒红色素、辣椒碱的提取等，为辣椒产业的发展奠定了良好基础。

二、主要问题

（一）育种进程缓慢

20 世纪 70 年代，江苏省农业科学院蔬菜研究所率先开展辣椒杂交品种选育，育成我国第一个辣椒杂交品种"早丰"。此后，相关科研单位相继以高产、单抗、多抗、优质作为主攻方向，先后育成苏椒、中椒、湘研、兴蔬、洛椒、汴椒、京辣、沈椒、京甜、冀研等系列辣椒品种，在生产上得到了大面积推广应用。

辣椒生产随着生产水平的提高，对品种的专用性要求也越来

---

① 亩为我国非法定计量单位，15 亩＝1 公顷。——编者注

越高。日光温室长季节栽培要求整个结果期大小均匀一致，不易早衰；大棚春提早栽培要求耐低温弱光，前期产量高，总产量高；秋延后栽培要求前期耐高温、生长势强，后期耐低温，红椒颜色鲜艳，耐贮运。现有的辣椒品种以兼用型为主，设施专用品种不多，对病害综合抗性不强。在辣椒育种中，遗传资源狭窄，生物技术应用不多，新品种难以满足辣椒生产的需要和产业发展的需求。

（二）种苗质量亟待提高

目前，在辣椒部分主产区出现了专业化的育苗企业，种苗生产初具规模。但是集约化育苗总体水平仍然不高，生产上仍以一家一户作坊式的育苗方式为主，许多椒农仍沿用简易的育苗方法，风险大，成本高，秧苗素质低，与辣椒产业规模化发展极不相称。育苗技术的研究不够，基质的配比千差万别，温、湿、光、水、肥的调控技术不高，幼苗偏高、偏瘦。嫁接苗对克服连作障碍的作用较大，但即使在辣椒主产区，嫁接育苗的应用也不多。相对于番茄、茄子，辣椒嫁接育苗开展得很少。

（三）高效栽培技术集成应用较少

随着辣椒产业的发展，对辣椒设施栽培、穴盘育苗、膜下滴灌、病虫害防治等单一栽培技术研究较多，综合性高效技术的集成应用不足。辣椒冬春设施栽培常常遭遇寒流、低温、弱光，生长发育受到影响，缺乏有效的调节措施。大水漫灌、直浇式较多，膜下滴灌应用率不高，浪费水资源，增加土壤湿度、空气湿度，引发病害。为追求高产，盲目施肥，肥料利用率不高，肥害时常发生，加剧土壤盐渍化。水肥一体化技术是将灌溉与施肥相结合的一项综合技术，具有省肥、省水、省工和高产、高效等优点。

（四）病虫害综合防治相对滞后

高温、高湿和低温弱光是设施栽培的主要环境特征，重茬现象十分严重，烟粉虱、蚜虫的种群数量始终偏高，抗药性增加，病毒病、炭疽病、疮痂病、灰霉病、叶霉病等发生严重，疫病、根腐病、青枯病等土传病害日趋严重。设施条件下蚜虫、粉虱等虫害的防治愈来愈困难。辣椒病虫害的综合防控技术不过关。

在病虫害的防治中，农户不重视农业措施防治病虫害，习惯于化学农药防治，导致使用量偏高、使用次数偏多，不但不利于无公害生产，也会污染栽培环境。生物农药使用成本较高，见效期较长，高效使用技术研究少，与化学农药的混合使用研究更少，无法有效提高防效、降低农残。

三、发展趋势

（一）辣椒新品种繁育推广将备受关注

从国内外不同的生产和消费市场需求出发，创新育种目标，加快培育抗病性和抗逆性强、满足不同生态条件和不同熟期要求、不同用途的多种专用型品种，以满足市场多样化需要，特别是适应辣椒加工业发展的需要，注重培育加工专用型辣椒新品种。

充分发挥我国地方辣椒品种资源丰富的优势，加强地方特色优良辣椒品种的提纯改良工作。对特色优良辣椒品种的提纯复壮，既有利于保护和改良地方特色辣椒品种，又有利于推动我国特色辣椒加工业的发展。

我国辣椒种业发展将朝着种子生产专业化、种子质量标准化、种子供应商品化、品种杂种化等方向发展，种子育、繁、推、销一体化经营将迈上新台阶，以适应辣椒产业不断发展壮大的需要。

（二）辣椒生产基地建设和产品质量安全将进一步加强

根据各地区自然资源、生态环境、市场需求等条件，搞好辣椒产业的区域布局，努力建设好鲜食辣椒、干红辣椒和加工辣椒等辣椒产业带或生产基地，生产有特色、高质量、高效益的优势辣椒产品。

在辣椒产区，"企业＋基地/基地合作组织＋农户"等产业化经营模式将逐步完善，企业与农民之间的产、销利益关系和联接机制将更加密切，农村辣椒专业合作经济组织和专业协会将进一步发展，辣椒生产的组织化程度将进一步提高。

在辣椒区域化布局和规模化生产的推动下，针对辣椒产业发展的一系列质量安全标准和规范化栽培措施，如无公害辣椒生产标准化体系和质量安全检测体系等将逐步建立起来，辣椒生产基地标准化建设水平和产品质量安全水平将进一步提高。

（三）辣椒深加工将成为我国辣椒产业发展新的增长点

我国辣椒加工业在继续保持辣椒加工制品领先地位的同时，各主产区将立足资源优势，加大对辣椒红色素、辣椒碱和胡萝卜素等深加工产品的开发利用力度，以满足国内外市场对辣椒深加工产品日益增长的需求，促进我国辣椒深加工产品在国际市场上的份额，并成为促进我国辣椒产业发展新的增长点。

在这一过程中，为适应国际辣椒市场发展的需要，提高我国辣椒产业发展的国际竞争力，辣椒加工制品和辣椒深加工产品等产品质量标准体系将逐步建立，并与国际标准接轨，规模大、效益好、带动力强的加工型产业化龙头企业将不断成长起来。

（四）辣椒产业的商业化运作将进一步加强

目前，我国辣椒产业的种植方式仍以农户生产为主，产、供、销脱节现象严重，农户对辣椒市场把握不准，往往导致生产的盲目性，有的季节由于上市过于集中，辣椒价格上不去，给农户带来经济损失，严重影响农户种植辣椒的积极性。

　　辣椒产业的商业化运作将受到各辣椒产区的高度重视，即从辣椒种植面积的确定、种植过程到收获后的辣椒去向，都将逐步融入商业化运作的轨道，从而搭建一条"企业＋基地＋农户"的农业产业链，实现辣椒产、销对接，有效解决辣椒生产中常出现的区域过剩、品种过剩、时段过剩问题，确保广大农民的利益，调动椒农的种植积极性。

辣(甜)椒优良品种

第一节 辣椒优良品种

苏椒 17 号

江苏省农业科学院蔬菜研究所育成。早熟，耐低温、耐弱光旋光性好。植株生长势强，叶绿色，株高 60 厘米左右，开展度 55 厘米左右。果实长灯笼形，青熟果绿色，果长 10.3 厘米左右，果肩宽 4.8 厘米，果肉厚 0.27 厘米，平均单果重 45 克以上，最大单果重超过 100 克，微辣，品质佳。适合长江中下游、黄淮海等地作冬春季保护地栽培（彩图 1-1）。

苏椒 16 号

江苏省农业科学院蔬菜研究所育成。早熟，耐低温、耐弱光旋光性好。果实长灯笼形，青熟果绿色，成熟果红色，果面光滑，果长 15~16 厘米，果肩宽 4.8 厘米，果肉厚 0.3 厘米，平均单果重 62.1 克，最大单果重超过 100 克，微辣，品质好。抗病、抗逆性较强，前期产量高，适合长江中下游、黄淮海等地作冬春季保护地栽培（彩图 2-2）。

苏椒 15 号

江苏省农业科学院蔬菜研究所育成。中早熟，植株生长势强，连续结果能力佳。果实牛角形，青熟果绿色，果面光滑，果长 18 厘米，果宽 5 厘米，果肉厚 0.37 厘米，平均单果重 120 克，最大单果重超过 200 克，微辣，品质优。抗病性强，耐贮运，丰产性好，适于黄淮、江淮流域作冬春季保护地栽培（彩图

2-3)。

苏椒 14

江苏省农业科学院蔬菜研究所育成。早中熟,株型半开张,株高 56 厘米,开展度 55～60 厘米,始花节位 7～8 节,侧枝极少,耐热性突出,坐果集中,转红速度快。果实粗牛角形,青熟果绿色,老熟果鲜红色,平滑有光泽,果长 20～28 厘米,果肩宽 5.0～5.6 厘米,果肉厚 0.4 厘米左右,单果重 100 克左右,较辣,口感佳。商品性好,耐贮运,抗病毒病,高抗炭疽病,适合长江中下游、黄淮海等地区作秋季延后保护地栽培(彩图 2-4)。

苏椒 11 号

江苏省农业科学院蔬菜研究所育成。早熟,植株半开展,始花节位 7 节,分枝能力强,耐低温、弱光。果实长灯笼形,绿色,果面光滑,光泽好,果长 10～12 厘米,果肩横径 5 厘米,果肉厚 0.4 厘米,单果重 80 克左右,微辣,维生素 C 含量 1 151 毫克/千克,品质极佳。抗病毒病、炭疽病,适合长江中下游、黄淮海等地区作冬春季保护地栽培(彩图 2-5)。

苏椒 5 号(博士王)

江苏省农业科学院蔬菜研究所育成。早熟,植株分枝性强,耐低温弱光,连续结果性强,膨果速度快。果实长灯笼形,淡绿色,微皱,有光泽,平均单果重 40 克,大果重 65 克以上,微辣,品质极佳。生长势强,适应性广,商品性好,适合长江中下游、黄淮海等地区作冬春季保护地栽培及南菜北运基地作露地栽培(彩图 2-6)。

中椒 106 号

中国农业科学院蔬菜花卉研究所育成。中早熟,生长势强,定植后 4～5 周即可采收。果实粗牛角形,果色绿,生理成熟后亮红色,果面光滑,纵径 15 厘米,横径 5 厘米,单果重 50～60 克,大果可达 100 克以上,微辣,品质优良,耐贮运。田间抗逆性强，耐热，抗病毒病，中抗疫病，适合全国各地栽培。

中椒 6 号

中国农业科学院蔬菜花卉研究所育成。中早熟，植株生长势强，分枝多，叶色深，株高 45～50 厘米，开展度 50 厘米左右，始花节位 9～11 节，连续结果能力强。果实粗牛角形，绿色，果长 12 厘米，果粗 4 厘米，果肉厚 0.3～0.4 厘米，单果重 45～62 克，微辣，宜鲜食。抗病毒病，抗逆性强，适宜露地栽培。

福湘早帅

湖南省农业科学院蔬菜研究所育成。早熟，始花节位第 8 节，株高 45 厘米，株幅 53 厘米。果实牛角形，果长 14.3 厘米，果肩宽 4.2 厘米，果肉厚 0.31 厘米，单果重 59.8 克，果面光滑、有光泽、有纵棱，青果绿色，成熟果红色，味半辣，维生素 C 含量 1 252 毫克/千克。田间抗病性调查，抗病毒病、炭疽病。适合保护地栽培。

福湘锦秀

湖南省农业科学院蔬菜研究所育成。中熟，始花节位 10～11 节，植株较紧凑，株高 75 厘米，株幅 60 厘米，分枝能力较强。果实粗牛角形，青熟果绿色，老熟果鲜红色，果面光滑，果长 20 厘米，果肩宽 5 厘米，果肉厚 0.5 厘米，单果重 150 克。抗病能力强。

福湘探春

湖南省农业科学院蔬菜研究所育成。早熟，始花节位8～9节，植株半开张，分枝能力较强，坐果多。果实粗牛角形，浅绿色，果面微皱，果长 15 厘米，果肩宽 5 厘米，果肉厚 0.35 厘米，单果重 60 克。抗病能力强，较耐寒。适合保护地栽培。

福湘 1 号

湖南省农业科学院蔬菜研究所育成。极早熟，株型半开展，连续坐果能力强。果实粗牛角形，青熟果浅绿色，老熟果鲜红色，红果长时间不变软，果面光滑，果长 14 厘米，果肩宽 5 厘

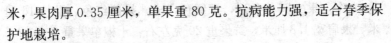

米,果肉厚 0.35 厘米,单果重 80 克。抗病能力强,适合春季保护地栽培。

兴蔬 205

湖南省农业科学院蔬菜研究所育成。早熟,果长 20 厘米,果肩宽 3.5 厘米,果肉厚 0.35 厘米,单果重 50 克左右,长牛角形,黄绿色,辣味适中,质脆,风味佳。抗病,耐寒,耐湿热,耐贮运,适于南菜北运基地作早熟栽培或嗜辣地区作早熟丰产栽培。

兴蔬 301

湖南省农业科学院蔬菜研究所育成。早熟,生长势中等,株型紧凑,始花节位 9～11 节。果实长羊角形,青熟果黄绿色,老熟果红色、微皱,果长 19～23 厘米,果肩宽 1.8～2.1 厘米,果肉厚 0.2 厘米,单果重 20～25 克,香辣,风味佳。耐热,高产,抗病,适应性广,鲜食加工均可。

湘研 812

湖南湘研种业有限公司育成。特早熟,植株长势较强,坐果集中,果实生长速度快。果实粗牛角形,浅绿色,光泽度好,果表有纵棱,果长 20～21 厘米,果肩宽 6 厘米左右,单果重 70 克左右,微辣,皮薄质脆。丰产性好,适应性广,适合早春大棚或小拱棚早熟栽培。

湘研青翠

湖南湘研种业有限公司育成。早熟,生长势强,前后期果实一致性好,连续结果能力强,膨果速度快,外形美观。果实长牛角形,果色深绿色,果长 23 厘米,果宽 3.1 厘米,单果重 60 克左右,辣味适中,肉软质脆。前期产量高,抗性强,耐贮运,适合消费早熟微辣地区早熟丰产栽培。

京辣 2 号

北京市农林科学院蔬菜研究中心育成。中早熟,始花节位 8～9 节,植株健壮,分枝力强,持续坐果能力强,单株坐果可达 80 个。果实圆羊角形，深绿色，成熟果鲜红色，果长 16 厘米，果肩宽 1.8 厘米，鲜果重 20 克左右，干椒单果重 2.0～2.5 克，辣味强。干椒暗红色、光亮、高油脂，辣椒红素含量高。高抗病毒病和青枯病，抗疫病，青椒、红椒和干椒多用品种，适合全国露地和保护地栽培。

国福 308

北京市农林科学院蔬菜研究中心育成。早熟，生长势强，株型紧凑，耐低温、弱光，连续坐果能力强。果实牛角形，青熟果黄绿色，老熟果红色，近果柄处略有折皱，果面光亮，果长 30 厘米，果肩宽 5.0 厘米，单果重 140 克左右，辣味适中，品质佳。抗烟草花叶病毒，中抗黄瓜花叶病毒病，耐贮运，适合设施长季节栽培。

状元红

河南开封市辣椒研究所育成。中早熟，植株健壮，枝条直立，抗倒伏，一次性挂果较多。果实粗长牛角形，一般单果重 120～160 克，大果可达 200 克以上，果长 18～22 厘米，直径约 6 厘米，果肉厚 0.4 厘米，辣味中等。耐热，抗病性强，耐贮运，产量高，商品性好，适宜早春和秋季保护地作红椒栽培。

汴椒极早

开封市辣椒研究所育成。极早熟，植株生长健壮，坐果多，果实膨大速度快。果实长灯笼形，青果浅绿色、光亮，红果鲜艳、微皱，果长 17 厘米，果肩宽 4～5 厘米，微辣，皮薄，口感脆。抗病，产量高，适合长江流域及南菜北运基地保护地栽培。

杭椒 1 号

杭州市农业科学院蔬菜研究所育成。早熟，株高 70 厘米，开展度 80 厘米，始花节位 8 节，果实生长快。果实羊角形，青熟果淡绿色，老熟果红色，果面较光滑，果顶渐尖、稍弯，果长 12～14 厘米，横径约 1.5 厘米，平均单果重 10 克，微辣。适合江浙一带春季、秋季保护地栽培，也可高山露地栽培。

洛椒 4 号

洛阳市辣椒研究所选育。早熟，株高 50～60 厘米，开展度 60 厘米，生长势强，前期结果集中，果实生长速度快。果牛角形、青绿色，果长 16～18 厘米，果肩宽 4～5 厘米，单果重 60～80 克，最大果重 120 克，微辣，风味好。高抗病毒病，适于保护地早熟栽培。

沈研 18 号

沈阳市农业科学院育成。植株长势强，耐低温、弱光，坐果能力强，果实膨大速度快。果实长灯笼形，果色绿，果面略皱，果实纵径 15 厘米，横径 9.7 厘米，微辣，单果质量 195 克，鲜果维生素 C 含量 617 毫克/千克，可容性总糖 4.08%。抗病毒病、炭疽病、疫病，适于东北、华北、西北等地区早春地膜露地覆盖栽培或春秋保护地栽培。

川椒 3 号

四川省川椒种业科技有限责任公司育成。早熟，植株生长势强，株高 70 厘米，开展度 58 厘米，分枝较多，始花节位第 12 节。果实羊角形，果面光滑顺直，果肉厚 0.3 厘米，空腔小，青果绿色，老熟果红色，平均单果质量 39.6 克，果长 18.1 厘米，果宽 2.1 厘米，辣味中等。抗病毒病和炭疽病，适宜露地和保护地栽培。

川椒 301

四川省川椒种业科技有限责任公司育成。早中熟，始花节位 10.2 节，植株生长势强，株高 50 厘米，株幅 58 厘米，分枝较多。果实牛角形、绿色，生理成熟果实红色，果肩平，果表有纵棱，果长 15.9 厘米，果宽 4.7 厘米，果肉厚 0.36 厘米，单果重 58.2 克，味辣，以鲜食为主。果实商品性好，抗病毒病和炭疽病，适宜露地和保护地栽培。

航椒 2 号

天水绿鹏农业科技有限公司育成。早中熟，始花节位 9～11

节，株型紧凑，生长势强，耐低温、寡照、耐温、干旱，连续结果性好。果实长羊角形，深绿色，果面皱，果长25～30厘米，果肩宽2.4～2.9厘米，单果重46克，辣味较强，品质优良。抗病毒病、白粉病、炭疽病、耐疫病，适应性广，耐贮运，适宜西北地区栽培。

迅驰（37-74）

引自荷兰瑞克斯旺。植株生长旺盛，开展度中等，耐寒性好，连续坐果性强，采收期长。果实长羊角形、淡绿色、外表光亮，果条顺直光滑，果长20～25厘米，果肩宽4厘米左右，单果重80～120克，辣味浓，商品性好。抗锈斑病和烟草花叶病毒病。适合秋冬、早春保护地栽培。

格雷

引自日本。植株生长势强，分枝能力较强，连续坐果性好，产量高。果长约30厘米，果肩宽4.5厘米，果肉厚0.4厘米，单果重120克。果实长牛角形、黄绿色，辣味适中，质脆，风味佳。抗病，耐寒、耐湿热、耐贮运。适合冬春季保护地栽培。

长剑

引自日本。早熟，始花节位8节，植株生长势旺，分枝能力较强，连续结果能力强，单株结果40～50个，果实膨大速度快。果实长牛角形、浅绿色、果条顺直，果长27～33厘米，果肩宽4～5厘米，果肉厚0.4厘米，单果重100～150克，辣味适中，质脆，风味佳。高抗病毒病、疫病，丰产，适合冬春季保护地栽培。

苏椒长帅

江苏省农业科学院蔬菜研究所育成。植株生长旺盛，开展度中等，侧枝较少，茎秆健壮。连续坐果性强，采收期长。果实长牛角形，青果淡绿色，果条顺直光滑，外表光亮，果实长度可达30厘米，果肩宽4.5厘米，果肉厚0.38厘米，单果重90～150

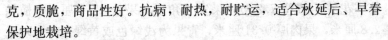

克，质脆，商品性好。抗病，耐热，耐贮运，适合秋延后、早春保护地栽培。

苏椒佳帅

江苏省农业科学院蔬菜研究所育成。植株生长势较强，开展度中等，侧枝较少。连续坐果性强，挂果集中。果实粗牛角形，青果淡绿色，果条顺直、光滑，外表光亮，果长 22 厘米，果肩宽 5.5 厘米，果肉厚 0.4 厘米，单果重 90～120 克，质脆，商品性好。抗病，耐热，耐贮运，适合秋延后保护地栽培。

大果 99

湖南湘研种业有限公司育成。植株生长势强，株高 50 厘米，植株开展度 58 厘米，分枝较多，第一花着生节位 10.9 节。果实灯笼形或牛角形，果长 12.2 厘米，横径 5.0 厘米，果肉厚 0.32 厘米，平均单果重 70 克，2～3 心室，青果浅绿色，生理成熟果实红色，果肩平，果顶平或稍凹入，幼嫩果实果表有纵棱，果皮薄，肉厚质脆，品质上等，半辣，以鲜食为主。植株连续结果能力强，果实商品性好，整齐一致。早熟，采收期长，果实从开花到采收约 21 天，坐果率较高，果实膨大速度快，抗病毒病和炭疽病。适合在辽宁、江苏、重庆、湖南及江西作春季保护地栽培。

渝椒 6 号

重庆市农业科学研究所育成。早熟，植株生长势强，株高 67.2 厘米，开展度 69.4 厘米，始花节位 12.1 节。叶披针形、绿色。果实长灯笼形或牛角形、绿色，果长 12.4 厘米，果肩宽 4.7 厘米，单果重 55.6 克，微辣，质脆。坐果率高，连续结果能力强，结果期长。耐低温、耐热能力强，田间表现抗病毒病和炭疽病。适合在辽宁、江苏、重庆、湖南春季保护地栽培。

湘椒 38 号

植株生长势中等，株高 53 厘米左右，植株开展度 60 厘米，

第一花着生节位 7.2 节，果实羊角形，果长 17.4 厘米，横径 2.8 厘米，果肉厚 0.34 厘米，青果为浅绿色或黄绿色，生理成熟果实为红色，果肩平，果顶渐尖，幼果表面有牛角斑，果皮薄，肉质脆嫩，品质较好，半辣，以鲜食为主。植株坐果能力强，挂果集中，果实商品性好，果形直，前后期果实整齐一致。平均单果重 40.4 克，采收期较长，果实从开花到采收约 22 天，坐果率较高，果实生长速度快，能较好地越夏生长。抗病毒病和炭疽病。适宜在广东、海南露地种植。

辣优 8 号

广州市蔬菜科学研究所育成。早熟，植株生长势强，始花节位 7.3 节，叶片深绿色，株高 55 厘米，开展度 40 厘米×44 厘米，嫩茎叶带有茸毛，果实长羊角形、黄绿色，果长 17.5 厘米，果肩宽 2.8 厘米，果面光滑有光泽，果肉厚，单果重 38.5 克，味辣。耐贮运，连续结果性好。中抗病毒病，抗炭疽病。适宜在广东、海南露地种植。

粤椒 3 号

广东省农业科学院蔬菜研究所育成。中迟熟，植株生长势强，始花节位 8.5 节，果实羊角形，果长 14.9 厘米，横径 2.2 厘米，果肉厚 0.28 厘米，平均单果重 31.5 克，果皮深绿色，光泽度好，鲜果维生素 C 含量 1 675 毫克/千克，果条直，空腔小，耐贮运，耐涝，抗病毒病和炭疽病。适宜在广东、海南露地种植。

海椒 5 号

海南省农业科学院蔬菜研究所育成。株高 50～55 厘米，开展度 45～50 厘米，分枝性中等，中熟偏早，前期挂果集中，单株挂果 25～30 个。果实粗长羊角形，果长 17.7 厘米，果肩宽 3.4 厘米，果肉厚 0.33 厘米，单果重 54.2 克，果身匀直，果皮光滑，皮色黄绿。中抗病毒病，抗炭疽病。适宜在海南、广东露地种植。

第二节 甜椒优良品种

苏椒 13 号

江苏省农业科学院蔬菜研究所育成。早熟，始花节位 7～8 节，植株生长势较强，坐果集中。果实高灯笼形、深绿色，红椒转红速度较快，果面光滑、光泽，果长 11.5 厘米，果肩宽 7.5 厘米，果肉厚 0.49 厘米，3～4 心室，单果重 135 克，食用口味佳。抗病毒病、炭疽病，抗逆性较强。适合春季、秋季保护地栽培（彩图 2-7）。

江蔬 5 号

江苏省农业科学院蔬菜研究所育成。早中熟，始花节位9～10 节，植株生长势较强，半开张。果实高灯笼形、绿色，果面光滑，果长 8.5 厘米，果肩宽 6.5 厘米，果肉厚 0.40 厘米，3～4 心室，单果重 105 克，每千克鲜椒维生素 C 含量 1 421 毫克、干物质 71.2 克、全糖 30.6 克，味甜，品质佳。抗病毒病、炭疽病，抗逆性较强。适合保护地栽培。

中椒 105 号

中国农业科学院蔬菜花卉研究所育成。中早熟，始花节位 9～10 节，生长势强，连续结果性好，定植后 35 天开始采收。果实灯笼形、浅绿，果面光滑，纵径 10 厘米，横径 7 厘米，3～4 心室，单果重 100～120 克，果肉脆甜，品质优良。抗逆性强，抗烟草花叶病毒，中抗黄瓜花叶病毒，丰产、稳产。适于南菜北运基地及全国露地种植（彩图 2-8）。

中椒 107 号

中国农业科学院蔬菜花卉研究所育成。早熟，植株生长势中等，株型较紧凑，定植后 30 天左右开始采收。果实灯笼形、淡绿色，成熟果实红色，纵径 8.8 厘米，横径 7.4 厘米，3～4 心室，平均单果重 150～200 克，果肉脆甜。抗烟草花叶病毒，中抗黄瓜花叶病毒、疫病。适于保护地早熟栽培，也可露地栽培（彩图 2-9）。

中椒 108 号

中国农业科学院蔬菜花卉研究所育成。中熟，植株生长势中等，从始花至采收约 40 天。果实方灯笼形，果色绿，果面光滑，果长 11 厘米，果肩宽 9 厘米，果肉厚 0.6 厘米，4 心室果比率高，单果重 180~220 克。果实商品性好，商品率高，耐贮运，货架期长。抗病毒病，耐疫病。适宜广东、海南等地露地栽培或北方冬春茬塑料大棚栽培。

中椒 5 号

中国农业科学院蔬菜花卉研究所育成。中早熟，株高 55~60 厘米，开展度 42~47 厘米，生长势较强，连续结果性好。果实灯笼形，3~4 心室，果长 10 厘米，果肩宽 7 厘米，单果重 80~120 克，味甜，品质优良。抗逆性强，有较强的耐热和耐寒性，不易感日灼病，抗烟草花叶病毒，中抗黄瓜花叶病毒。适合保护地及露地栽培。

国禧 105

北京市农林科学院蔬菜研究中心育成。早熟，果实灯笼形，连续坐果能力强，青熟果绿色，老熟果红色，果面光亮，果长 10 厘米，果肩宽 9 厘米，单果重 200 克。耐贮运，抗烟草花叶病毒，中抗黄瓜花叶病毒。适于北方地区保护地及露地种植。

京甜 1 号

北京市农林科学院蔬菜研究中心育成。中早熟，持续坐果能力强。果实粗圆锥形，嫩果淡绿色，成熟时红色，果表光滑、光泽，纵径 14~16 厘米，果横径 5.8~6.5 厘米，单果重 90~150 克。果肉厚，椒红素含量高，适合脱水加工。耐热、耐湿，中抗疫病，抗病毒病和青枯病。适于云南、四川等西南地区拱棚及露地种植（彩图 2-10）。

京甜 3 号

北京市农林科学院蔬菜研究中心育成。中早熟，始花节位9～10节，生长势健壮，耐低温性较好，持续坐果能力强，果形保持好。果实方灯笼形，嫩果绿色，果表光滑，果长10厘米，果肩宽9厘米，4心室为主，单果重160～250克。高抗烟草花叶病毒和黄瓜花叶病毒，抗青枯病，耐疫病。适于北方和南菜北运基地种植（彩图2-11）。

冀研 15 号

河北省农林科学院经济作物研究所育成。早熟，生长势强，始花节位10节左右。果实灯笼形、绿色，果面光滑、有光泽，果长10～11厘米，果宽7.5～8.5厘米，果肉厚0.5厘米，平均单果重180克左右，商品性好。抗病毒病、炭疽病、疫病和青枯病。适宜保护地栽培（彩图2-12）。

冀研 13 号

河北省农林科学院经济作物研究所育成。中熟，始花节位10～12节，植株生长势强，株型较开展。果实灯笼形、深绿色，成熟果红色，果面光滑而有光泽，果长11厘米，果肩宽9～10厘米，果肉厚0.65厘米，3～4心室，单果质量220～350克，鲜果维生素C含量1 170毫克/千克，味甜质脆。商品性好，耐贮运，抗黄瓜花叶病毒，耐烟草花叶病毒和疫病。

冀研 12 号

河北省农林科学院经济作物研究所育成。中早熟，始花节位9～11节，植株生长势强，株型较紧凑。果实方灯笼形、绿色，成熟果红色，光滑而有光泽，果长10～12厘米，果肩宽10～11厘米，果肉厚0.65～0.75厘米，3～4心室，单果质量210～340克，鲜果维生素C含量1 410毫克/千克，味甜质脆。商品性好，耐贮运，抗黄瓜花叶病毒，耐烟草花叶病毒和疫病。

冀研 6 号

河北省农林科学院经济作物研究所育成。早熟，始花节位第

11 节，植株生长势强，定植至采收 40 天，前期坐果集中。果实方灯笼形、绿色，果面光滑而有光泽，果肉厚 0.5 厘米，单果重 200~300 克。抗病毒病和疫病，产量高，综合性状优，主要用于保护地栽培，也可用于露地及地膜覆盖栽培。

海丰 25 号

北京市海淀区植物组织培养技术实验室育成。早熟，始花节位 8~9 节，坐果率高，连续坐果能力强，前期产量高。果实方灯笼形，果长 14~16 厘米，果粗 8~9 厘米，果肉厚 0.5 厘米，平均单果重 200 克，大果重 250 克。抗病毒病，耐青枯病和疫病。适宜保护地和露地栽培（彩图 2-13）。

哈椒 8 号

哈尔滨市农业科学院育成。早熟，始花节位第 10 节，株高 60 厘米，株幅 60 厘米。果实灯笼形，果长 9.3 厘米，果肩宽 7.1 厘米，果肉厚 0.47 厘米，单果重 113.4 克，果面光滑有光泽，青果绿色，成熟果红色，味甜，维生素 C 含量 1089 毫克/千克。抗病毒病、炭疽病。适宜东北、华北地区保护地栽培。

洛椒 KDT1 号

洛阳市辣椒研究所育成。植株 9 节显蕾分枝，株型较直立，株高 55~65 厘米，开展度 54~58 厘米，叶片中等、色深绿，果实灯笼形，果长 10.2 厘米，果肩宽 7.1 厘米，果形指数 1.5，果肉厚 0.46 厘米，单果重 103.7 克，少数大果可达 200 克以上。中抗病毒病，抗炭疽病。适宜辽宁、北京、河北、河南及山东春季保护地种植。

沈研 11 号

沈阳市农业科学院育成。植株长势强壮，株高 55 厘米，开展度 50 厘米，始花节位 12.0 节，果实方灯笼形，果纵径 8.9 厘米，果横径 7.4 厘米，果肉厚 0.4 厘米，平均单果重 102.6 克，果绿色、光亮，果味甜。抗病毒病和炭疽病。适宜北京、河北、江苏春季保护地种植。

中椒 11 号

中国农业科学院蔬菜花卉研究所育成。植株生长势强,株型紧凑直立,株高 70 厘米,开展度 65 厘米,叶色绿。始花节位 8～9 节。果实长灯笼形,纵径 9.3 厘米,横径 6.2 厘米,果肉厚 0.53 厘米,3～4 心室,果面光滑,果色绿,单果重 135.1 克,鲜果维生素 C 含量 1 250.0 毫克/千克,干物质 8.3%,全糖 3.35%,粗蛋白 1.18%,味甜质脆,品质佳,抗逆性强,耐湿,抗烟草花叶病毒,中抗黄瓜花叶病毒,生长后期不易早衰,能保持较高的产量和商品率。适宜在海南、广东露地种植。

第三节 彩色椒优良品种

红罗丹

引自瑞士先正达。中熟,节间短,生长势中等,耐寒,连续坐果能力强,适应性广,坐果率高。果实长方形,果色鲜绿,成熟时转红色,光滑,纵径 15 厘米,横径 9 厘米,4 心室居多,果肉厚,单果重 200 克。适宜越冬和秋延栽培。

红英达

引自瑞士先正达。中熟,连续结果能力强,坐果容易,收获时间集中。果色方形,深绿色,成熟后转为深红色,果皮光滑,果实高 10 厘米,宽 10 厘米,果肉厚,单果重 200 克。抗烟草花叶病毒,耐马铃薯病毒及生理紊乱,适宜早春、秋延和越冬保护地种植。

白公主

引自瑞士先正达。始花节位 10 节,株高 170 厘米,株幅 50 厘米。果实方形,幼果和商品果均蜡白色,果面光滑,果纵径 10 厘米,横径 10 厘米,果肉厚 0.6 厘米,单果重 170 克,肉质脆嫩。果实硬,耐贮运,抗病。适宜保护地冬春茬和早春茬栽培。

黄欧宝

引自瑞士先正达。中早熟，在冷凉条件下坐果良好。果实方形、绿色，商品果成熟时转明黄色，果实平均高 10 厘米，宽度 9 厘米，果肉中厚，单果重 150 克。适宜保护地越冬茬种植。

橘西亚

引自瑞士先正达。植株生长旺盛，坐果能力强。果实方形，成熟时由绿色转鲜艳橘黄色，果长 10 厘米，直径 10 厘米，多 4 心室，平均单果重 200 克。适宜保护地越冬茬种植。

紫贵人

引自瑞士先正达。始花节位 9 节，耐低温弱光，株型紧凑，生长势中等，适合密植。果实方形，幼果和成熟果均紫色，果面光滑，果纵径 11 厘米，横径 8 厘米，果肉厚 0.5 厘米，平均单果重 150 克，口感甘甜。抗病。适宜保护地冬春和早春茬栽培。

曼迪

引自荷兰瑞克斯旺。植株生长势中等，节间短，坐果率高。果实灯笼形，青熟果绿色，老熟果红色，色泽鲜艳，果长 8～10 厘米，果肩宽 9～10 厘米，果肉厚，单果重 200～260 克。耐储运，货架寿命长，抗烟草花叶病毒病。适合秋冬、早春日光温室种植。

玛祖卡

引自荷兰瑞克斯旺。大型灯笼形甜椒，适合采收绿果和黄色果。生长旺盛，节间短，无限生长型，丰产性好，单果重 250～300 克，果皮光滑，果形好。果色黄绿，果皮光滑。适宜保护地栽培。

黄太极 (35 - 209)

引自荷兰瑞克斯旺。中熟，植株开展度大，生长能力强，节间短，坐果率高。果实灯笼形，成熟时果色由绿色转黄色，果面光滑，外表光亮，果实纵径 8～10 厘米，横径 8～10 厘米，单果重 200～250 克。抗烟草花叶病毒病。适于冬暖式温室和早春大

棚种植。

富兰明高

引自荷兰瑞克斯旺。植株开展度大，生长势强，节间短。果实方形，外表光亮、绿色，成熟后红色，果长 10～12 厘米，单果重 250～300 克，最大果重 400 克，果大，商品性好，耐贮运。抗脐腐病和烟草花叶病毒病。适宜保护地冬春茬和早春茬栽培。

红天使

引自法国。植株健壮，株型合理。前期果实颜色深绿色，成熟时转鲜红色。果实大而均匀，4 心室，果肉厚实，表面光滑，色泽好，单果重 220 克以上，品质好。抗烟草花叶病毒病，早熟且高产、稳产。适宜保护地栽培。

橙天使

引自法国。植株生长强壮，株型疏朗开放。果实 4 心室，椒形整齐亮丽，单果重 200 克以上。成熟时果实由绿色转橙色，抗烟草花叶病毒病，早熟、优质、高产。适宜保护地栽培。

黄天使

引自法国。中早熟品种，植株生长健壮，株型开放，果肉厚实硬挺，果实高 11 厘米，宽 9 厘米，单果重 150 克左右。成熟时颜色由深绿转金黄色，抗烟草花叶病毒病。在冷凉条件下坐果良好。适宜保护地栽培。

白天使

引自法国。植株生长茂盛，株型中等，果实奶白色，后转金黄色，完全成熟时转为粉红色或深红色。果实匀称，果肉厚实，单果重 160 克以上。抗烟草花叶病毒病，早熟品种。适宜露地和保护地栽培。

紫天使

引自法国。早熟品种，为方形紫色甜椒标准品种。植株健壮，生长势强，株型中等，单果重 200 克以上。果实整齐度好，果肉厚实,坐果后紫色,完全成熟时转红色。抗烟草花叶病毒病。品质好,产量高。果实长成后要抓紧采摘,否则椒色会变成红色。适宜保护地栽培。

玛利贝尔

引自美国。中早熟,大果,连续坐果性能好,容易坐果,产果期长。果实灯笼形,深绿色,成熟后转亮红色,光滑,果肩平滑,果实外表亮度好,果长 11 厘米,果肩宽 10 厘米,果肉厚,单果重 250～400 克,口感极好。抗性好,抗 BLS、TSM、TMV、PVY。耐贮运,货架期长。适合春秋大棚保护地栽培。

伊萨贝尔

引自美国。早熟,连续坐果性能好,容易坐果,产果期长。青熟果绿色,成熟后转亮红色,光滑,果肩平滑,果实外表亮度好,果长约 9 厘米,果肩宽 9 厘米,肉厚,单果重 150～300 克,口感极好。耐贮运,货架期长。抗性较好,抗 BLS1.2.3、TSM。适合露地和大棚栽种。

第四节 线椒与朝天椒优良品种

湘妃

湖南湘研种业有限公司育成。中熟,第一开花节位 10～12 节,植株生长势强,株型高大,植株挂果能力强,连续结果性好,果实生长速度快。果实长线形,果长 23～26 厘米,果宽 1.8 厘米左右,果实浅绿色,果长而直,果肩部稍皱,味辣,香味浓,皮薄,肉质脆嫩,口感品质上等。采摘鲜椒为主,耐湿热,综合抗性好。适应性广,适宜露地栽培。

桂线 6 号

广西农业科学院蔬菜研究所育成。中熟,生长旺盛,叶片较小、深绿。果实线形,果粗 1.0～1.5 厘米,果长 18～22 厘米,

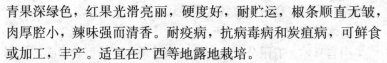

青果深绿色，红果光滑亮丽，硬度好，耐贮运，椒条顺直无皱，肉厚腔小，辣味强而清香。耐疫病，抗病毒病和炭疽病，可鲜食或加工，丰产。适宜在广西等地露地栽培。

长辣 1 号

长沙市蔬菜科学研究所育成。早中熟，首花节位 8～10 节，株型较开张，侧枝多。果实细长羊角形，果长 18～20 厘米，果肩宽 1.4～1.7 厘米，果肉厚 0.2～0.25 厘米，单果质量 16～18 克，果表淡绿色，果面光亮、略皱，辣味强。较耐低温、耐热，抗病毒病、疫病、炭疽病能力强。适宜长江流域及西南等嗜辣地区早春栽培。

辛香 8 号

江西省农望高科技有限公司育成。中早熟，株型紧凑，株高 55 厘米，株幅 56 厘米，分枝力强，连续坐果能力强，平均一次性结果 60～70 个。果实线形，果长 22 厘米，果粗 1.7 厘米，单果重 19 克左右，果肉厚 0.15 厘米，果面光亮、微皱，皮薄，辣味浓香。抗倒伏、抗病、抗逆性强，适应性广，产量高。适宜西南地区露地栽培。

8819 线椒

陕西省农业科学院蔬菜研究所育成。中早熟，植株生长健壮，株型紧凑，株高 70 厘米，株幅 45～50 厘米，3～7 果簇生，挂果集中。果实线形，果长 15.2 厘米，果径 1.25 厘米，鲜果重 7.4 克，老熟后果色鲜红发亮。适合干制和加工，干椒率 19.8%，干燥后果面皱皮细密。抗病毒病、疫病、炭疽病、枯萎病。适应性广，适宜西南、华南等地区露地栽培。

七姐妹

浙江省临安市地方品种。植株紧凑，大小中等，分枝中等，始花节位 14 节，花小色白，果实 7～9 个成簇，朝天着生。果实炮弹形，嫩果青绿色，成熟果黄色，果长 6.6 厘米，横径 1.2 厘米，单果质量 9.6 克。果形美观，辣味浓厚鲜美。适应性广，是上等调味佐料，也可作观赏盆景栽培。

日本三樱椒

引自日本。有限分枝类型，植株较矮小，株型较紧凑，株高50～65厘米，开展度40～50厘米。果实朝天簇生，细指形，果皮光滑、油亮、无皱缩，果长5厘米左右，横径1厘米左右，果顶尖而弯曲，似鹰嘴状，单果干重0.4克，味极辣，辣椒素含量0.8%，鲜红色，辣红素（红色素）含量3%左右。适合露地栽培。

柘椒1号

引自日本。无限分枝类型，株型高大、较紧凑，株高80～100厘米，开展度30～40厘米，适宜密度范围较大。果实朝天散生，椒尖钝圆似子弹头，嫩熟果绿色，老熟果深红色，果长4.5厘米，果粗1.2厘米，单果干重0.6克，果皮厚，椒籽多，辣度高，香味浓。辣椒素含量1%，红色素含量3.5%，可用来提取红色素、辣椒素、辣椒碱。抗病高产。适应性广，适合地膜覆盖露地栽培。

鸡心辣（贵州小椒）

云南、贵州地方品种。无限分枝类型，假二叉分枝，株高90厘米，开展度40厘米左右。果实朝天散生，短宽圆锥形，果实深红色，果长2.7厘米，果粗1.5厘米，辣味极强。适合露地栽培。

黑弹头

株高60厘米，叶深绿色，茎枝紫色，开紫花，每株可坐果100多个，盛果期果实黑红，朝天生，如待发的密林防空弹头，颇为壮观。果对生或簇生，小圆锥形，幼果黑色，成熟果鲜红色，果长3厘米，果肩直径1.6厘米，果柄长2.5厘米，味极辣。适合露地栽培，也可用作观赏椒品种。

樱桃辣（团辣）

云南省建水县地方品种。中熟，植株生长势中等，株高50

厘米，开展度 70 厘米，坐果多。果单生，果顶向上，小圆球形，似樱桃，嫩熟果绿色，老熟果鲜红色，果长 2.1～2.4 厘米，横径 2.4～2.7 厘米，单果重 7.5～10 克，果肉厚 0.2～0.4 厘米，胎座大，种子较多，鲜果维生素 C 含量 768.7 毫克/千克，辣味很浓，有清香味，鲜食、加工兼用。耐瘠耐旱，适应性强，适合云南、贵州等地露地栽培。

辣椒育苗技术

第一节 辣椒育苗的方式与方法

一、辣椒育苗方式

(一) 作坊式育苗

作坊式育苗规模较小，环境调控、生产管理以人工操作为主。作坊式育苗的特点是投资较少、设施简易、操作简便，易为农民接受（彩图3-1）。作坊式育苗主要目的是自育自用，以商品苗向外销售的比例很少。目前，作坊式育苗方式仍是辣椒育苗的主要方式。随着农村经济合作社越来越普遍，育苗的投资也在逐渐加大，在某些辣椒主产区，出现了专门用于育苗的设施，作坊式育苗方式正逐渐向工厂—作坊式育苗方式发展。

(二) 工厂化育苗

工厂化育苗是在人工控制的环境条件下，按流水作业和标准化技术大批量生产辣椒苗。工厂化育苗的特点是育苗场地大、配套设施设备齐全、科技含量高。工厂化育苗较多采用连栋温室作为育苗场所，从播种到成苗全部采用机械化操作，可有效调节光、温、水、气、肥等环境，全天候生产出健壮辣椒苗（彩图3-2）。工厂化育苗方式改变了传统的一家一户的作坊式育苗，降低了生产成本，对推动辣椒产业的集约化育苗、规模化生产具有重要作用。

二、辣椒育苗方法

（一）辣椒育苗方法分类

1. 根据育苗设施分类

辣椒育苗根据有无育苗设施可分为保护地育苗和露地育苗。保护地育苗包括阳畦育苗、中棚育苗、大棚育苗、温室育苗等。保护地育苗又有保温育苗和降温育苗。在长江中下游地区，冬春季辣椒育苗采用保温育苗方法，夏秋季辣椒育苗采用降温育苗方法。在温度较高的南方地区，通常采用露地育苗方式。

2. 根据育苗增温方式分类

辣椒育苗依据增温方式及热源不同，可分为冷床育苗和温床育苗。冷床育苗只利用阳光而没有其他热源。温床育苗，根据热源不同，可分为酿热温床育苗、电热温床育苗、火热温床育苗（彩图3-3）、水热温床育苗等。

3. 根据育苗基质分类

根据育苗基质不同，辣椒育苗可分为有土育苗和无土育苗。无土育苗利用营养液直接育苗或将营养液浇在卵石、炉渣等培养基上来养苗，是较先进的一种育苗方式。应用无土育苗，出苗快而齐，秧苗生长好，生长速度快，而且可对秧苗生长的温度、光照、营养、水分等进行人工调节或进行自动控制。但无土育苗费用较高，而且需要较高的育苗技术，主要是专业化种苗公司利用机械化（工厂）育苗。

4. 依据幼苗根系保护方法分类

根据幼苗根系保护方法不同，辣椒育苗可分为营养块育苗、纸钵育苗、草钵育苗、塑料营养钵育苗（彩图3-4）、穴盘育苗（彩图3-5）等。目前辣椒生产中，主要采用塑料营养钵育苗和穴盘育苗，其中穴盘育苗由于管理简便、育苗效率高、便于运输等特点，正逐渐取代塑料营养钵育苗。

5. 根据育苗器官分类

根据育苗繁殖器官的不同，辣椒育苗可分为种子育苗法、嫁接育苗法等。在辣椒生产中，由于受到土地资源的限制，连作障碍严重，辣椒青枯病、辣椒疫病、辣椒根结线虫病等土传性病害发生严重，常常造成毁灭性损失，嫁接育苗则可有效解决这一问题，在土壤连作障碍严重地区，正逐渐为椒农接受与应用。

(二) 辣椒育苗方法选用

在辣椒育苗中，往往是多种育苗方法混合使用，可根据自然资源和设施设备条件灵活掌握，如长江中下游地区采用大棚春提早栽培育苗，选择保温性能好的日光温室、塑料大棚等作为育苗设施。在增温方式上，除利用阳光外，多采用电热温床，以抵御深冬寒流的危害。在育苗基质的选用上，多采用商品化专用基质育苗。逐渐弃用塑料营养体育苗方法，通常选用 72 孔或 128 孔的标准穴盘育苗。通过嫁接育苗方法，可进行商品性好、抗病性弱的甜椒、彩色椒等品种生产。

第二节　辣椒育苗前的准备

一、辣椒育苗设施

(一) 塑料小棚育苗

跨度在 3 米以下、高度 1.0～1.5 米的塑料棚，多利用毛竹片、细竹竿等做成拱圆形的骨架，上盖塑料薄膜。其显著特点是棚顶矮，人不能站立干活。辣椒育苗时，将薄膜一侧用土压实，以利保温防风，另一侧用砖块等压好，以便随时揭盖，通风换气。

小拱棚育苗的优点是建设成本低，棚内光照条件较好，昼夜温差大，较有利于培育壮苗。小拱棚育苗的缺点是空间小，保温能力差，环境分布差异较大，容易导致两边与中间幼苗大小不一

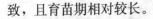

致，且育苗期相对较长。

（二）塑料大棚育苗

跨度 6 米以上、高度 2.5 米以上的塑料棚，有竹木结构大棚、水泥结构大棚、焊接钢结构大棚、镀锌钢管装配式大棚等多种类型。

作为育苗设施，与小棚相比，塑料大棚空间大、管理方便、光照强、升温快、保温性能好，有利于培育优质壮苗。深冬季与早春季辣椒育苗多在塑料大棚内进行，在大棚内再建设塑料小拱棚，与其他设施配套，可有效降低冷害、冻害给育苗带来的风险。

（三）温室育苗

温室按加温方式可分为加温温室和日光温室，按采光材料不同可分为玻璃温室和塑料薄膜温室，按结构可分为单屋面温室、双屋面温室和连栋温室。目前生产上较多采用塑料薄膜温室。塑料薄膜温室主要由土墙或砖墙、塑料薄膜和钢筋或竹木骨架构成，也可添加加温设施，比较经济实用。

二、苗床建设

（一）茬口安排

一般在日光温室或大棚内育苗，由于采用全基质，对土壤无严格要求，仅要求育苗日光温室或大棚地势高燥、地势开阔，距栽培田较近，供水供电方便即可。

（二）苗床消毒

1. 清茬

选择合适位置的大棚或日光温室作为育苗设施，前茬作物收获后，及时清除植株残体，带出棚外，并将棚室四周的杂草清除干净。

2. 清毒

（1）甲醛水溶液消毒：上好棚膜后，选用 0.5%～1%甲醛水溶液，在设施内喷淋，闷棚 3～5 天，揭开棚膜，待气体完全散尽后方可使用。

（2）苗床消毒剂消毒：苗床消毒剂的有效成分为氰氨基钙，属于次强碱性氮化素肥料，为了综合防止苗床病害，可选用 50%氰氨基钙颗粒剂，每亩苗床用量 60～80 千克，均匀撒于苗床，深翻土壤 30～40 厘米，覆盖薄膜，从薄膜下灌水，直至畦面充分湿润为止，15～20 天后揭开薄膜，使气味完全散尽。

（三）电热温床建设

随着反季节栽培要求提高，电热温床育苗日益兴起。电热线育苗是利用电流通过电加温线，使电能转化为热能加温的育苗方法。它具有土温上升快而稳定、增温效果好、苗龄短、幼苗大小一致、苗体健壮等优点。电热线育苗多与大棚、温室等育苗设施相结合，电热温床设置在大棚和日光温室内。

1. 整畦做床

场地确定后，先做好苗床的设计。浅耕床土，深度 6～8 厘米，仔细整平，将事先准备好的隔热材料按所需厚度（一般应超过 3 厘米）铺好隔热层，隔热层上再撒一层薄细土，以盖严隔热材料为度。

2. 布线间距

电热线的间距和长度影响床温，其长度的确定根据温床使用季节每平方米采用的功率、加温面积的大小、电热线的规格、使用电源等条件设定。布线时，为了避免电热温床边缘的温度过低，可以把边行电加温线的间距适当缩小，温床中间床位的间距适当加大，但必须保持平均距离不变。

在长江中下游地区，选用两根长度 120 米、功率 1 000 瓦的电热线，布线长度 20 米，布线宽度 1.1 米，布线 12 根，线与线

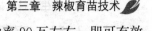

之间的平均距离 10 厘米，每平方米的功率 90 瓦左右，即可有效抵御冬春季的低温寒流。

3. 布线方法

（1）布线：布线前，准备若干根小竹签。布线时，将小竹签按布线间距直接插在苗床两端，两侧略密，中间稍稀。然后采取三人布线，逐条拉紧。布线完成后，在线上撒入少量营养土，接通电源，检查线路是否畅通。电路畅通无误时，再断开电源，随即将取出的床土覆盖、整平，然后拔出竹签（彩图 3-6，彩图 3-7）。

（2）电加温线和接线注意事项：

①电热线功率是额定的，使用时不得剪断和联线。

②严格禁止把整盘的电热加温线通电测试，布线时不能交叉、重叠、打结，防止通电以后烧断电热加温线。

③使用前发现电热加温线绝缘破裂，及时用热熔胶修补。

④布线结束时，应使两端引出线归于同一边。在线头较多时，对每根线的首尾分别做好标记，并将接头埋入土中。

⑤与电源相接时，在单相电路中只能用并联，不可以串联；在三相电路中，用线数为 3 的倍数时，同星型接法，禁用三角型接法。使用 220 伏电压，不许用其他电压。最好配用控温仪，控制幼苗所需要的温度可节省用电约 1/3。

⑥在起苗和取出电热加温线时，禁止硬拔硬拉或用锄头掘取；电热加温线用后要洗干净，整盘收放在阴凉干燥地方保存，严防鼠害和虫蛀，以便再次使用。

（四）荫棚建设

1. 遮阳网规格

遮阳网一般有 SZW-8、SZW-10、SZW-12、SZW-14、SZW-16 五种型号，生产上使用较多的是 SZW-12、SZW-14 两种。SZW-12 型号的黑色网遮阳率 35%～55%、银灰色网遮光率 35％～45％，SZW-14 型号的黑色遮阳网遮光率 45％～65％、银灰色遮阳网遮光率 40％～55％（表2）。

表2　遮阳网型号与性能指标

型　号	遮光率（％）		50毫米宽拉伸强度（N）	
	黑色网	银灰色网	经向	纬向
SZW-8	20～30	20～25	≥250	≥250
SZW-10	25～45	25～45	≥250	≥300
SZW-12	35～55	35～45	≥250	≥350
SZW-14	45～65	40～55	≥250	≥450
SZW-16	55～75	55～70	≥250	≥500

2. 遮阳网使用

（1）遮阳网选择：遮阳网作为夏季高温季节防暑降温的覆盖材料，目前在生产上使用较为普遍。对遮光要求较高的可选用黑色遮阳网，在蚜虫发生严重的地块可选用银灰色遮阳网，对蚜虫有较好的驱避作用。

（2）遮阳网覆盖方法：使用时遮阳网要覆盖在大棚薄膜的外表，采取早盖晚揭，有条件的，可在棚上方另设支架进行覆盖，降温效果更佳。地面覆盖，主要用于夏秋季育苗，在播种至出苗阶段，直接覆盖在苗床上。大棚盖顶，一般可选用 6～7 米宽的遮阳网盖顶，两侧通风口不覆盖，以利通风透光，主要用于高温炎热天气育苗阶段、定植初期阶段。

（3）遮阳网使用要求：在遮阳网使用过程中，要根据实际情况灵活揭盖遮阳网，勤盖勤揭，晴盖阴揭，日盖夜揭，达到保湿降温、防暴雨、防冰雹等目的，避免一盖到底的做法。

三、育苗容器

（一）塑料营养钵

塑料营养钵形状似水杯，下窄上宽，杯底部有滴水孔，颜色一般分为黑色和白色两种，大小不等。黑色塑料营养钵具有白天吸热、夜晚保温护根、保肥作用，干旱时节具有保水作用。塑料钵不易破碎，便于搬运，可连续使用 2～3 次，使用寿命较长，护根效果好。设施辣椒冬春季育苗，通常选用 10 厘米×10 厘米黑色塑料钵，容量大，适合培育适龄现蕾大苗。

（二）穴盘

1. 穴盘的规格

标准穴盘的长度为 54 厘米，宽度为 28 厘米，有 50 穴、72 穴、128 穴等多种规格（表 3）。孔穴越小，穴盘苗对土壤中的湿度、养分、氧气、pH 值、EC 值的变化越敏感，对管理水平要求也越高。孔穴越深，基质中的空气就越多，有利于透气、生根以及淋洗盐分，有利于根系的生长。基质至少要有 5 厘米的深度才会有重力作用，使基质中的水分渗下。空气进入穴盘孔径越深，含氧量就越多。标准穴盘的穴孔形状为倒立的梯形体，利于辣椒根系向下伸展。较深的穴孔对水分、营养变化的缓冲能力较强，为基质排水和透气提供了有利条件。

表 3　黑色 PS 标准穴盘规格

规格	穴盘（毫米）			孔穴（毫米）	
	长	宽	上口	下底	深度
28 穴	520	320	65	33	65
50 穴	540	280	50	25	55
50 穴	540	280	50	25	50
72 穴	540	280	38	22	42
105 穴	540	280	32	14	45
128 穴	540	280	30	13	40

穴盘的颜色也影响辣椒植株根部的温度。一般冬春季选择黑色穴盘，因为它可以吸收更多的太阳能，加快根系温度上升，优

化了根系周围的小环境，对小苗根系发育有利。夏季或初秋要改为银灰色穴盘，反射较多的光线，避免根部温度过高。白色穴盘的透光率相对较高，会影响辣椒根系生长，所以辣椒育苗中很少选择白色穴盘。

2. 穴盘的消毒

穴盘在育苗完成后，及时清理穴盘内基质，清洗干净，选用季铵盐消毒剂进行消毒，以便重复使用。不建议使用漂白粉或氯气进行消毒，因为氯会与穴盘中的塑料发生化学反应，产生有毒的物质。

3. 穴盘的选用

冬春季辣椒育苗通常选用规格为 50 孔或 72 孔黑色穴盘为宜。工厂化育苗一般选用 128 孔穴盘，也有选择 288 孔穴盘先培育小苗，在 2 叶 1 心时再用大孔径穴盘或其他容器分苗。

四、营养土与基质配制

(一) 营养土与基质的要求

基质是供给辣椒幼苗水分、养分和空气的基础物质。辣椒基质必须具有良好的物理结构、适宜稳定的化学性质和足够的营养成分。好的基质应该具备以下特性：理想的水分容量；良好的排水能力和空气容量，容易再湿润；良好的孔隙度和均匀的空隙分布；稳定的维管束结构，少粉尘；恰当的酸碱度（pH5.5～6.5）；含有适当的养分，能够保证子叶展开前的养分需求；极低的盐分水平，可溶性盐含量（EC 值）小于 0.7；基质颗粒的大小均匀一致；无植物病虫害和杂草；每一批基质的质量保持一致。

(二) 营养土的配制

1. 播种床营养土配制

考虑到幼苗在播种床的时间较短，对养分的需求相对较少，所以播种床营养土一般选用烤晒过筛的园土、充分腐熟的有机肥，与草木灰或炭化砻糠按照合理的比例充分混合拌匀制成。

菜园土：是配制培养土的主要成分，一般占 $60\% \sim 70\%$。但菜园土易传染病虫害，如猝倒病、立枯病、早疫病、炭疽病、根际线虫、其他虫卵等，所以选用菜园土时一般不使用种过茄果类蔬菜的土壤，以种过豆类、葱蒜类蔬菜的土壤为好。选用其他园土时，一定要铲除表土，掘取心土。园土最好在 $7 \sim 8$ 月高温时掘取，经充分烤晒后，打碎、过筛，过筛的园土使用薄膜覆盖，保持干燥状态备用。无公害育苗要求不用菜园土调制，而使用大田土。

有机肥料：根据各地不同情况因材而用，可以是猪粪渣、人粪尿、垃圾、河泥、塘泥、厩肥等，其用量应占培养土的$20\% \sim 25\%$。所有有机肥必须经过充分腐熟后才可使用。因为未腐熟的有机肥中含有大量的病原菌和虫卵，对幼苗会有危害；同时未腐熟的有机肥在土壤中发酵会产生较多的热量，易烧伤幼苗的根系，释放的氨气也会产生危害。

草木灰：草木灰不仅富含钾元素，还能疏松土壤，吸收更多的热量，有利于提高土温。如果淋雨，会流失肥分，降低肥效，所以应当干用。其用量可占培养土的 $10\% \sim 15\%$。

2. 分苗床营养土配制

幼苗分苗后在苗床的时间较长，兼顾其对养分的需求来培育壮苗，宜选用未种过茄果类蔬菜、理化性质优良的园土 $50\% \sim 55\%$，与充分腐熟的优质畜粪肥 30%、草木灰 $15\% \sim 20\%$ 充分混合拌匀（彩图 3-8）。营养土中还要加入占营养土总重 $2\% \sim 3\%$ 的过磷酸钙，增加钙和磷的含量。营养土中掺加的牛粪、猪粪、鸡粪、饼肥等，必须预先充分腐熟，避免添加氯化铵、碳酸氢铵、尿素等铵肥，防止烧苗。

3. 营养土消毒

营养土必须事先经过消毒处理才可使用，具体方法是 1 000 千克营养土用 40% 福尔马林 200～300 毫升，对水 25～30 千克，喷洒，加入多菌灵粉剂充分翻动，覆盖薄膜 5～7 天，或者在苗床直接喷洒该药液，盖实地膜，闷土 5～7 天，然后敞开透气 2～3 天，再将营养土铺于育苗畦面，待播种。

（三）基质的配制

1. 基质的配制

（1）自配基质：穴盘育苗主要采用轻型基质，如草炭、砾石、珍珠岩等，对育苗基质的基本要求是无菌、无虫卵、无杂质，有良好的保水性和透气性。一般配制比例为草炭：砾石：珍珠岩＝3：1：1，1 立方米的基质中再加入磷酸二铵 2 千克、高温膨化的鸡粪 2 千克，或加入氮磷钾三元复合肥（15：15：15）2～2.5 千克。育苗时原则上应用新基质，并在播种前用多菌灵或百菌清消毒。

（2）商品基质：商品基质用于辣椒育苗，应根据幼苗所需的营养、土壤、抗病性要求配制。要求有机质含量高，养分释放均匀，营养供给达 70 天以上；无病原菌、无虫害；基质理化性质好，保肥、保水、保湿，透气性好；盐分含量低，不易烧苗、伤根；苗齐、苗旺、苗壮，出苗率 95% 以上。方便管理，短期育苗只需控制好温度、水分即可，无需添加任何肥料。

2. 基质的消毒

（1）用福尔马林（40% 甲醛）消毒：一般 1 000 千克基质用福尔马林药液 200～300 毫升（即 0.2～0.3 千克）加水 25～30 千克。喷洒后充分拌匀堆置。上面覆盖一层塑料薄膜，闷闭 6～7 天后揭开，待药气散尽后使用，防止猝倒病和菌核病发生。

（2）有机硫杀菌剂消毒：选用 65% 代森锌可湿性粉剂与 50% 福美双可湿性粉剂，等量混合，每立方米基质用量 0.12～

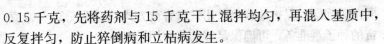

0.15 千克，先将药剂与 15 千克干土混拌均匀，再混入基质中，反复拌匀，防止猝倒病和立枯病发生。

第三节　辣椒种子处理

一、准备种子

（一）辣椒种子质量

使用的辣椒种子的质量必须符合要求，种子的纯度、净度、发芽率、水分指标不能低于国家标准《GB 16715.3—2010　瓜菜作物种子　第 3 部分：茄果类》的最低要求（表 4）。为保证种子的纯度，尽量从正规的种子公司购买。

表 4　辣椒种子的质量要求

名称	级别	纯度（%）	净度（%）	芽率（%）	水分（%）
常规种	原种	≥99.0	≥98.0	≥80.0	≤7.0
	大田用种	≥95.0			
亲本	原种	≥99.9	≥98.0	≥75.0	≤7.0
	大田用种	≥99.0			
杂交种	大田用种	≥95.0	≥98.0	≥85.0	≤7.0

（二）辣椒种子用量

根据种子质量、育苗方式、栽培密度确定每亩种子用量。商品销售的辣椒种子一般为当年繁制当年销售或第二年销售的种子，保存条件较好，其发芽率一般在 95% 以上。采用穴盘育苗方式，播种时采用人工点播法或利用精量播种机点播，每穴播种 1 粒种子。设施辣椒栽培冬春季栽培密度稍大，一般定植 4 000 株/亩；秋季栽培密度稍低，一般 3 500 株/亩。所以，播种时，充分考虑到需苗数、种子质量、发芽率，同时兼顾考虑死苗、瘦弱苗等问题。保护地栽培采用穴盘育苗方式，一般按 35～40 克/亩的种子量准备，可确保足够的苗数用于定植。

二、辣椒种子处理

(一) 晒种处理

晒种指选择阳光充足的晴好天气，将辣椒种子曝晒 1～2 天。剔除杂物以及颜色、形状异常以及破碎、发霉、畸形、变色、小粒的种子。

晒种时要注意：①应在中等光照下晒种，并且把种子放到纸或布上晾晒，不能直接放到水泥地或石板等吸热快、升温快的物体表面晒种，容易烫伤种子。②晒种的时间不宜过长，晒种时间过长，种子容易因失水过多、含水量偏低，而导致种胚和子叶变形，易成畸形苗。一般晒种时的温度高低和光照强弱不同，晒种 1～2 天为宜。

(二) 浸种处理

1. 温汤浸种

温汤浸种是先用 25～30℃ 的温水浸泡 15 分钟左右，然后用 55～60℃ 的热水浸种 10～15 分钟，最后再用 25～30℃ 的温水浸种 5～6 小时。该浸种法的主要优点是在浸种的初期利用热水对种子进行消毒处理。

2. 一般浸种

浸种水温 20～30℃，浸种时间 12～24 小时。

(三) 消毒处理

1. 药剂浸种

(1) **硫酸铜浸种**：用于预防炭疽病、疮痂病。先将种子用清水浸种 4～5 小时，再用 1% 的硫酸铜溶液浸 5 分钟，取出种子，

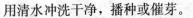

用清水冲洗干净，播种或催芽。

（2）链霉素液浸种：用于预防疮痂病、青枯病。已在清水中浸泡4～5小时的种子，用1 000毫升/升的农用链霉素液浸种30分钟，水洗，催芽。

（3）磷酸三钠浸种：用于预防病毒病。将已用清水浸泡过的种子，用10%的磷酸三钠水溶液浸种20～30分钟，再用清水冲洗干净，播种或催芽。

2. 药剂浸种注意事项

（1）浸种前先用温水浸泡辣椒种子，使病菌等由不活跃状态变为活跃状态，易于被消灭。

（2）药液的浓度要适宜。浓度偏高容易"烧伤"种子，浓度偏低消毒的效果不理想。适宜的浸种药液浓度为叶面喷药浓度的1～1.5倍，或按使用说明书上的要求浓度来浸种。

（3）浸种的时间要适宜。用高浓度的药剂浸种，浸种时间通常不超过30分钟；低浓度的药剂浸种，浸种时间一般40分钟到2小时不等。

（4）浸种后需洗净种子。使用高浓度的药剂或用腐蚀性较强的药剂，浸种结束后，立即用清水将种子反复淘洗几遍，洗去种子上残留的药剂，以免出芽后残留的药剂"灼伤"幼嫩种芽。

（四）催芽处理

浸种结束后，捞出种子，沥干水分，用湿纱布或毛巾包好，放在28～30℃环境中催芽，有条件的地方可用恒温箱催芽。催芽过程中，每隔4～5小时翻动一次种子，使种子均匀受热。每天用30℃左右温水淘洗种子1～2次，洗去种子表层的黏液，有利于种子吸收氧气，提高种子发芽的整齐性。一般在催芽4～5天后，当60%～70%的种子"露白"（萌芽）时，即可以播种。工厂化育苗采用自动催芽机，效果很好。

第四节 辣椒穴盘育苗技术

一、育苗前准备

(一) 苗床

辣椒穴盘育苗通常选用塑料大棚或日光温室作育苗设施。为培育无病壮苗，在苗床彻底清理杂物、杂草，用高锰酸钾、甲醛和水按 1:1:5 的比例混合，进行消毒。具体操作方法是将甲醛倒入开水中，再放高锰酸钾，经过化学反应产生烟雾，封闭温室48 小时，待气体散尽后即可使用。

由于标准穴盘的长度为 54 厘米，育苗时与苗床走向垂直排列两个穴盘，所以生产上多采用宽度 1.3~1.4 米的苗床作为标准苗床；苗床长度可根据栽培面积所需苗数确定，电热温床根据电热线长度确定，如电热线长度 120 米、苗床 20 米，两卷电热线正好铺设 12 根，电热线的平均距离 10 厘米，每平方米功率90 瓦。

(二) 基质装盘

辣椒多采用 72 孔或 128 孔穴盘一次成苗的育苗方法，苗龄可达 80 天左右，株高 18~20 厘米，8~10 片真叶，并现小花蕾，根系将基质紧紧缠绕，当苗子从穴盘取出时不会出现散坨现象。为充分利用育苗场地、节省能源降低消耗，采用 288 孔穴盘培育小苗，在小苗长出 1~2 片真叶时，分苗至 72 孔或 128 孔穴盘。与不出苗的幼苗相比，经过分苗移栽的幼苗其根系更加发达。

如果基质太干，播种完成浇水后，基质会塌沉，造成透气不良，根系发育差，所以在装盘前通常要使基质充分润湿，一般以含水量 60% 为宜，检验方法是用手握一把基质，没有水分挤出，松开手会成团，但轻轻触碰，基质会散开。装盘时，将准备好的基质填满穴盘即可，注意各穴填充程度要均匀一致，每穴中的基质要均匀、疏松，不能压实，也不能出现中空。装盘完毕后，用板条刮平，叠起，向下按压，压出深度为0.8～1.0厘米的播种穴（彩图3-9），在苗床按顺序铺好。每立方米育苗基质可分装72孔穴盘200盘，育苗1.44万株。

二、播种

（一）播种期选择

1. 冬季育苗

在长江流域，冷床育苗10月上、中、下旬均可播种，苗龄100～120天。采用温床育苗一般只需要60～70天即可育成，因此播期可适当推迟。在长江流域适宜播期为12月中下旬。冬季育苗常遭遇寒冷天气，对设施的增温、保温措施要求较高。

2. 春季育苗

一般在1月下旬至2月中下旬进行，采用塑料棚或温床育苗的方式提高床内温度，以保证适时育出健壮幼苗。春季育苗的时间较短，只有50～60天，气温越来越暖，不易遭遇冷害侵袭，便于苗期管理。

3. 秋季育苗

长江流域一般在7月底播种，苗龄28～30天，实际生产中，幼苗达到壮苗标准时即可定植。秋季育苗，外界温度较高，光照强烈，时常遭遇暴雨，通常采用大棚膜与遮阳网覆盖方式，防止雨水侵袭，降低苗床内温度和光照强度。

（二）播种方法

1. 浇足底水

播前用喷壶浇水，浇透。在播种、覆土完成后，再用喷壶浇透苗床水,以穴盘底部渗出水滴为宜。

2. 精量播种

(1)人工播种法:对于催芽的种子,种子表层有黏液,易黏在一起,可与潮湿细沙拌匀,方便人工播种(彩图 3-10)。播种时,每穴播种 1 粒,将种子播放在穴孔的正中央(彩图 3-11)。

(2)机械播种法:工厂化穴盘育苗,国内外普遍采用气吸式精量播种机(彩图 3-12)。采用机械播种法,可大幅度降低劳动强度,籽粒分布均匀,深浅一致,出苗整齐。

3. 播后处理

(1)冬春季育苗:用基质盖种,盖种厚度 0.8 厘米左右。盖种后,加盖一层 20 克/米² 无纺布和一层地膜。搭建小拱棚,覆盖小棚膜和草苫保温,也可以利用两层膜和一层 200 克/米² 无纺布,有条件的可采用保温被,保温效果更好。

(2)夏秋季育苗:用基质盖种,盖种厚度 1 厘米左右。盖种后,加盖一层 20 克/米² 无纺布或草苫,用喷壶浇水淋湿即可。

三、苗期管理

(一)温湿度调节

出苗前,控制大棚和日光温室内温度 28~30℃。干燥种子直播 6 天后及时检查,当 60% 以上种子出土时,及时揭去苗床表层的覆盖物,以免出现烧芽或形成高脚苗。苗出齐后,可适当降低设施内温度,以白天 25~28℃、夜间 18~20℃ 为宜。白天设施内气温超过 28℃ 时,在大棚的背风处和日光温室顶端通风口适当通风换气;当温度降到 28℃ 时,留小风口换气;当温度降到 20℃ 左右时,关闭所有通风口。

黄淮海及其以北地区冬春季育苗经常会遇到连阴雨雪天气,夜晚温室内一般采用煤火炉加温,所以既要掌握好加温的时间段，又要防止煤炭燃烧不充分、一氧化碳逸散到棚室内造成辣椒小苗和人员中毒。辣椒花芽分化随温度的升高而加快，同一个品种秋季育苗比冬春季育苗始花节位低 1~2 个，所以冬春季幼苗阶段保证苗床较高的温度有助于生长，达到早现蕾、早定植的目的。

（二）水分管理

穴盘育苗重点是水分管理，应避免基质忽干忽湿。浇水掌握"干湿交替"的原则，即一次浇透，待基质转干时再浇第二次。浇水一般选在正午前或 16 时后，若幼苗无萎蔫现象则不必浇水，以降低夜间湿度，减缓茎节伸长。注意阴雨天日照不足且湿度高时不宜浇水；穴盘边缘的幼苗易失水，必要时应进行人工补水。此外，定植前要控制给水，以幼苗不发生萎蔫、不影响正常发育为宜。还要将种苗置于较低温度下（适当降低 3~5℃，维持 4~5 天）炼苗，以增强幼苗抗逆性，提高定植后成活率。

（三）肥料管理

在整个育苗过程中一般不需再施肥。如生长期过长或基质肥力不足，当幼苗有缺肥症状时，应及时追肥，追肥以有机肥和复合肥为主。若用人畜粪尿，必须充分腐熟，并滤渣，浓度以10~12 倍水稀释液较好；复合肥可用含氮、磷、钾各 10% 左右的专用复合肥配制，喷施浓度为 0.1%，切忌浓度过高；选用单一化肥，可按尿素 40 克，过磷酸钙 65 克，硫酸钾 125 克，加水 100千克，配成肥液喷施。增施磷钾肥有利于培育壮苗（彩图 3-13）。工厂化育苗通常采用商业化的冲施肥料。

（四）光照调节

冬春季育苗，出苗后，为了保温，除大棚外，还需要采取小棚加草帘的多层覆盖措施。棚膜和草帘必须使用崭新的。因为一年之中，冬春季温、光条件最差，这使幼苗接受的光照偏少，而且光线较弱。为了改善育苗棚内苗床光照条件，增加幼苗素质，在保证幼苗不受冷害的前提下，白天尽量揭除大棚内的覆盖物，尤其是小拱棚表面的草帘，延长其受光时间。揭盖时间根据天气好坏决定。长期连阴雨，则需要补光。

（五）幼苗锻炼

为了提高幼苗对定植后环境的适应能力，缩短定植后的缓苗时间，在定植前应进行幼苗锻炼：冬春季栽培，在定植前 10～15 天，逐步降温至白天 15～20℃，夜间 10℃左右。注意白天通风时逐步揭开覆盖物，加大通风量。定植前 3～5 天使幼苗处于与定植后环境基本一致的条件。定植前 2～3 天，选用 50% 多菌灵（或 50% 甲基硫菌灵）可湿性粉剂 1 500 倍液与 0.2% 硫酸锌溶液喷雾，增强幼苗抗病性，防止疫病、病毒病等病害的发生。另外，定植前一天可浇透苗床水，便于起苗时幼苗的根系不散坨，有利提高成活率，缩短缓苗时间。

四、壮苗指标

辣椒穴盘苗质量好坏对辣椒高产高效生产有很大影响。健壮秧苗的标准包括外观和生理两个指标。

1. 外观标准

茎秆粗壮，节间短，株高 18～25 厘米，叶片肥厚，深绿色，子叶完好，早熟品种具有 8～10 片真叶，晚熟品种具 11～12 片真叶，有 70%～80% 植株带大蕾。根系发达，侧根数量多，且呈白色。全株生长发育平衡，无病虫危害状。

2. 生理标准

健壮秧苗的生理表现是：含有丰富的营养物质、细胞液浓度高、表皮组织中角质层发达、茎秆硬，水分不易蒸发，对栽培环

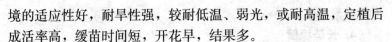

境的适应性好，耐旱性强，较耐低温、弱光，或耐高温，定植后成活率高，缓苗时间短，开花早，结果多。

五、穴盘苗运输

1. 运输前准备
运输前，需要对穴盘苗进行炼苗处理，对即将运输种植的穴盘秧苗进行检查，确保秧苗没有受到茎基腐病、细菌性病害、粉虱、蚜虫的侵染，不要将发生病虫害的幼苗定植到生产田中。为防止穴盘苗在运输途中失水萎蔫，通常在运输前一天浇透苗床水。检查运输车辆，准备防水帆布等材料。

2. 运输方法
穴盘苗长距离运输，可采用运输穴盘苗专用铁架（彩图 3-14），也可将穴盘苗放入专用纸箱后装车运输（彩图 3-15）。

第五节 辣椒嫁接育苗技术

一、砧木选择的原则

1. 高抗土传病害
要求所用砧木对辣椒青枯病、根腐病、根结线虫病等高抗或高耐，且抗病性稳定，不因栽培时期以及环境条件变化而发生改变。目前辣椒生产中，预防辣椒疫病和枯萎病，是所选砧木必备的条件。

2. 亲和力强而稳定
要求与辣椒嫁接后，嫁接苗成活率不低于 98%，且定植后生长稳定，中途不出现生长缓慢和死亡现象。

3. 不改变果实的形状和品质
要求所用砧木与辣椒嫁接后，不改变果实的形状和颜色，不出现畸形果。

4. 长势稳健

不削弱植株的生长势，也不造成植株徒长。

5. 适合辣、甜椒嫁接的砧木选择

适合辣椒类嫁接的砧木有"不死鸟"、"PFR-K64"、"PFR-S64"、"LS279"等，适合甜椒类嫁接的砧木有"不死鸟"、"土佐绿 B"等。

二、砧木苗和接穗苗的培育

1. 接穗苗的培育

在嫁接育苗过程中，关键是砧木苗与接穗苗大小的协调一致。由于选择嫁接的方法不同，适宜嫁接的砧木苗和接穗苗的大小也不同，为了获得最适宜的嫁接时期，应调整砧木和接穗的播种期。不同的嫁接方法，调节播期的方法也不同。此外，嫁接时所选用的砧木，由于各自特性的不同，长到适宜嫁接的时间也不同，播种时也应考虑在内。

2. 砧木苗的培育

播种后出苗前应保持苗床较高的温度，促其及早出苗。苗床白天温度保持在 25～30℃，夜间温度保持在 20℃ 以上。用"不死鸟"作砧木时，生长需要相对较高的温度，其苗床温度要比接穗苗适当提高 2～3℃。出苗后降低温度，延缓生长速度，使苗茎变得粗壮，此期苗床白天的温度应保持在 25～28℃，夜间 12℃ 左右，使昼夜保持 10℃ 以上的温差。

砧木苗分栽后，要适当提高温度，促苗生根，尽快恢复生长。通常栽苗后的 7 天内，白天温度要保持在 28℃ 以上，夜间温度应不低于 20℃，砧木苗恢复生长后把夜温降低到 15℃ 左右。

三、嫁接适期

辣椒嫁接的适宜时间，主要取决于砧木与接穗主茎的粗度。当砧木长到 5～6 片真叶、接穗具有 3～4 片真叶时，砧木与接穗主茎的直径均为 0.4～0.5 厘米，这时为嫁接的最适时期。过早嫁接，节间短，茎秆细，不便操作，影响嫁接效果；过晚嫁接，植株的木质化程度高，影响嫁接成活率。

四、嫁接方法

1. 劈接法

先把砧木从上方切去，然后把茎从中劈开成 V 形，再把接穗幼茎（下胚轴部分）削成楔形，插入砧木劈开的切口中，用嫁接夹固定。此法最好采用砧木不离土、接穗离土嫁接。

嫁接时，首先将带有砧木的营养钵置于嫁接台上，保留 2 片真叶，即在第二片真叶上方，用刀片平切砧木茎，将切口上部分枝叶去掉，然后用刀片于切口中间垂直向下劈开，注意切口的位置要处于茎的中间，切入深度 1～1.5 厘米。将接穗拔下，从顶端往下 2 片真叶处的一侧斜削一刀，迅速翻转接穗，从另一侧再用同样的方法削一刀，使接穗成双斜面楔形，长度 1～1.5 厘米，随即插入砧木的切口中，对齐后，用嫁接夹固定（彩图 3-16，彩图 3-17）。

2. 斜切接法

斜切接法又叫斜接或贴接，分别把砧木和接穗的上端和下端切去，切口切成相反的斜面，然后把砧木和接穗的两斜面贴合在一起。

嫁接时，先把带有砧木幼苗的穴盘放在操作台上，保留 2 片真叶，在第二片真叶上的节间处用嫁接刀片成 30°斜削株顶，使切面成一斜面，长 1～1.5 厘米，立即将接穗拔下，在上部保留

2片真叶，去掉下部茎和根，把切口处用嫁接刀削成一个与砧木相反且同样大小的斜面，然后将砧木的斜面与接穗的斜面贴合在一起，用嫁接夹固定。如果斜面接口较长，一个嫁接夹不够时，可用两个嫁接夹。

3. 靠接法

嫁接后接穗的根仍旧保留，与砧木的根一起栽在育苗钵中，嫁接后接穗不易枯死，便于管理，成活率高。

嫁接时，先在砧木苗茎的第2~3片叶间横切，去掉新叶和生长点，然后从上部第一片真叶下、苗茎无叶片的一侧，由上向下呈40°角斜切一个长1厘米的口子，深达苗茎粗的2/3以上。再在接穗无叶片的一侧、第一片真叶下，紧靠子叶，由下向上呈40°角斜切一个1厘米的口子，深达茎粗2/3，然后将接穗与砧木在开口处互相插在一起，用嫁接夹将接口处夹住即可。

五、嫁接后的管理

1. 温度管理

嫁接后，立即将嫁接苗移入小拱棚内，充分浇水，封闭棚膜。前3天需在小拱棚外面覆盖草帘等，保温遮光，保持棚内适温、高湿状态，以促进伤口愈合和减少嫁接苗蒸腾失水，造成萎蔫。白天25~30℃，夜间18~20℃，地温25℃左右。3天后逐渐降低温度，白天掌握25~27℃，夜间17~20℃。如果温度偏高，可采用遮光和换气相结合的办法加以调节，防止温度过高，嫁接苗失水加快，发生萎蔫。如果温度长时间偏低，接穗与砧木接合较慢，嫁接苗成活率和壮苗率也会降低。因此，低温期嫁接要在晴暖天进行，同时加强苗床增温和保温工作。

2. 湿度管理

嫁接后3天内，空气相对湿度保持在90%以上，以后逐渐降低，但相对湿度也要保持在80%左右。在适宜的空气湿度下，嫁接苗一般表现为叶片开展正常、叶色鲜艳，上午日出前叶片有吐水现象，中午前后叶片不发生萎蔫。一般来讲，嫁接后将基质浇透水或苗床浇足水，并用小拱棚扣盖严实，嫁接后头 3 天一般不会出现空气干燥现象，如果出现苗床干燥现象，要在早晨或傍晚将水小心浇入嫁接苗行间，不要叶面喷水，以免污水流入嫁接口内，引起接口腐烂。从第四天开始，要适当通风，降低苗床内的空气湿度，防止因空气湿度长时间偏高引发病害。苗床通风量掌握"先小后大"的原则，开始通小风，随着嫁接苗伤口愈合，逐渐扩大通风。通风量大小以嫁接苗不发生萎蔫为宜。如果嫁接苗发生萎蔫，要及时合严棚膜，萎蔫严重时，还要对嫁接苗进行叶面喷水。当苗床开始大通风后，苗床的失水速度也随之加快，育苗基质容易干燥，要及时浇水，保持床土湿润。

3. 光照管理

嫁接后，伤口的愈合阶段要求散射光照，因直射光照射嫁接苗后，容易引起嫁接苗失水加快而发生萎蔫。在管理上，白天要用草苫或遮阳网遮光处理，避免强光直射苗床。从第三天开始，早晚逐天减少遮光面积，一般头几天先将苗床遮成花荫，6 天后，逐渐撤掉覆盖物，增加苗床光照，防止嫁接苗因光照不足，导致叶片黄化、脱落等。

六、嫁接苗成活后的管理

嫁接苗成活后，按照常规育苗的方法对苗床进行温、光、水、气等进行管理，为提高嫁接苗的成活率，需要注意的是：①对苗床中成活不良的苗，要挑出集中于一个苗床内继续给予适温、遮光和高湿度管理，促其生长。②对靠接苗，选阴天或晴天下午用刀片将辣椒苗茎从接口下切断，并在前几天对苗床进行适当遮阴，防止辣椒苗萎蔫，对倒伏苗要及时用枝条或土块等支撑起来。对砧木苗茎上长出的侧枝以及辣椒苗上长出的不定根，要及时抹掉。

第六节 育苗常见问题及预防措施

一、出苗障碍

(一) 出苗迟且少

1. 现象

催芽的种子播种后 4 天未出苗或很少出苗，超过 4 天后才开始出苗。

2. 发生原因

(1) 苗床温度偏低。当苗床温度低于 15℃时，种子出苗缓慢，出苗期延长；温度低于 10℃时，几乎停止发芽。

(2) 覆土太厚。辣椒种子的适宜覆土厚度为 0.8～1.0 厘米，播种过深时，种子顶土能力较弱，出土时间相对加长。

(3) 底水不足。高温期播种，如果播种前浇水不足，种子会因供水不足出苗缓慢。

(4) 畦面板结。播种后防雨措施不当，苗床进水导致畦面板结，引起土壤氧气不足，导致种胚生长缓慢，延迟发芽；同时表土变硬，辣椒种子顶土阻力增大，出苗时间相对延长。

(5) 种子质量较差。一般陈种子、发霉或受潮的种子比正常种子发芽出苗时间长。

3. 防止方法

选用符合质量要求的种子。应采用苗床增温措施，提高地温，使土壤温度达到辣椒种子正常发芽的适宜温度（20～30℃）。

(二) 出苗不齐

1. 现象

播种后，种子出苗的先后时间差异太大时，即为出苗不齐

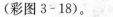

（彩图 3-18）。

2. 发生原因

（1）新陈种子混播。陈种子的发芽势较新种子弱，出苗晚。如果新陈种子混播，就会出现出苗不整齐的现象。

（2）播种深浅不一致。播种浅的种子往往先出苗，播种深的种子出苗较晚。播种深浅差异越大，种子出苗时间差异也越大。

（3）苗畦内环境不一致。由于浇水、保温等原因，造成苗床内基质的湿度不均匀、温度不一致。温度、湿度适宜的地方，种子出苗比较快，出苗早；温度偏低、水分不足的地方，种子出苗较慢。

（4）种子成熟度不一致。充分成熟的种子发芽势较强，出苗快，出苗早；未充分成熟种子的发芽势弱，出苗慢，出苗所需要的时间长。

3. 防止方法

（1）选择健壮饱满的种子，最好是1～2年新种子。

（2）选择处理工艺好的基质。

（3）基质装盘前要充分拌匀，装盘完成后用木板条刮去多余基质。

（4）播种深度要一致，盖土厚度要均匀。

（5）冬春季育苗，苗床两侧的温度偏低，容易缺水干旱，要重点管理。

（三）戴帽出土

1. 现象

辣椒苗带着种皮出土叫子叶戴帽出土，表现为子叶被种皮夹住，难以伸展，严重妨碍子叶的光合作用，影响辣椒幼苗后续生长（彩图 3-19）。

2. 发生原因

床土湿度不够或播种后覆土太薄。成熟度差的种子发芽势弱，也是造成戴帽的原因之一。

3. 防止方法

（1）选择健壮饱满的种子。

（2）播种时要灌足底水，保持基质的湿润。

（3）播种后覆土厚度以 0.8～1 厘米为宜，覆土要均匀，覆土后及时盖膜。

（4）在幼苗顶土即将钻出地面时，如果天晴，可在中午前后喷一些水，若遇阴雨，可在床面撒一层湿润细土。

二、沤根和烧根

（一）沤根

1. 现象

在育苗技术粗放、气候条件不良时容易发生。发生沤根的幼苗，根部不发生新根，原有根皮发黄，逐渐变成锈色而腐烂。沤根初期，幼苗叶片变薄，阳光照射后随着温度的升高，萎蔫程度逐渐加重，很容易拔掉。

2. 发生原因

在幼苗生长发育的前期，若遭遇连续阴、雨、雪天气，苗床内温度低、湿度高、光照不足，未及时通气排湿，很容易引起幼苗沤根。

3. 防止方法

主要应从苗床管理着手：

（1）选择地势高燥、排水良好、背风向阳的日光温室或塑料大棚建苗床。

（2）配制床土时，适当增施腐熟的有机肥料，提高磷肥的比例。

（3）出苗后注意天气变化，在连续阴雨天气，注意通风换气，降低苗床内湿度；基质湿度过大时，撒入干细土或草木灰，

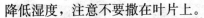

降低湿度，注意不要撒在叶片上。

（4）用双层塑料膜覆盖，夜间加盖草帘保温。尽量采用电热温床育苗，通过电热加温提高苗床内温度，促进幼苗健壮生长。

（二）烧根

1. 现象

苗期和成株期时有发生。发生烧根时，根尖变黄，不发新根，前期一般不烂根，表现为地上部生长慢，植株矮小脆硬，形成"小老苗"。症状轻的植株中午打蔫，早晚尚能恢复，后期由于气温高、供水不足，植株干枯，似青枯病或枯萎病，纵剖茎部未见异常。

2. 发生原因

（1）营养土如果施肥过多，尤其是氮肥过多，肥料浓度很高，幼苗根系发育不良，就会产生干旱性烧根现象。

（2）床土若施用未腐熟的有机肥料，经过浇水和覆盖塑料薄膜以后，促进有机肥料发酵腐熟，在发酵腐熟过程中产生大量的热量，使根际地温剧增，导致烧根。

（3）若床土施肥不均，床面整理不平，浇水不匀，或用灰粪覆盖种子，床土极度碱化，也会造成烧根。

（4）播种后覆土太薄，种子发芽生根之后，床内温度高，表土干燥，也易形成烧根或烧芽。

3. 防止方法

（1）苗床施用充分腐熟的有机肥，氮肥施用不能过量，施入床内后要同床土拌和均匀，整平畦面，使床土虚实一致，灌足底水。

（2）播种后保证覆土厚度适宜，消除烧根的土壤因素。

（3）出苗后若发生烧根现象，要选择晴天中午及时浇灌清水，稀释土壤溶液，随后覆盖细土，封闭苗床，中午苗床遮阴，促使发生新根。

三、徒长苗和僵化苗

(一) 徒长苗

1. 现象

徒长是苗期常见的生长发育失常现象。徒长苗易遭病菌侵染，又缺乏抗御自然灾害的能力，同时延缓发育，使花芽分化及开花期后延，花的质量也不好，容易造成落蕾、落花、落果。定植到大田后，缓苗慢，最终导致减产。徒长苗主要表现为节间拉长、棱条不明显、茎色黄绿、叶片质地较软、叶片变薄、色泽黄绿、根系细弱。

2. 发生原因

阴雨天过多，光照不足，容易形成徒长苗。苗床通风不及时，温度偏高，湿度过大，密度过大，氮肥施用过多，均会导致幼苗徒长。

3. 防止方法

(1) 根据幼苗各个生育阶段要求的适宜温度，及时通风，控温、降湿。

(2) 在育苗初期，苗床内温湿度过高时，除加强通风排湿外，可撒入细干土降湿。

(3) 在光照不足的情况下，应适当延长揭膜时间，让幼苗多见光。

(4) 幼苗发生徒长后，适当控制浇水，延长通风时间，控制幼苗的营养生长。

(二) 僵化苗

1. 现象

在冬春季育苗过程中，幼苗生长发育很慢，苗株瘦弱，叶片黄小，茎秆细硬，并显紫色，虽然苗龄不大，但看起来好像发老的苗子一样。

2. 发生原因

苗床土壤施肥不够，肥力不足，尤其是氮肥缺乏；土壤干旱、土壤质地不良等是形成僵化苗的主要原因。另外，透气性好，但保水保肥很差的土壤，如沙土地育苗，更容易形成小老苗。若苗床拱棚高度太低，也易形成小老苗。

3. 防止方法

（1）选择保水、保温性能好的地块作为育苗场所。

（2）在配制营养基质时，既要有腐熟的有机肥料，还要添加幼苗发育所需的氮、磷、钾肥料，尤其是氮素肥料更为重要。

（3）灌足底水，及时灌好苗期水，使床内土壤水分保持适宜幼苗生长的状态。

四、烧苗和闪苗

（一）烧苗

1. 现象

烧苗现象发生快、受害重，几个小时就可造成整床幼苗死亡，给生产带来很大损失，有时不得不更改种植计划。烧苗初期，幼苗变软、弯曲，进而整株叶片萎蔫，幼茎下垂，随着高温时间延长，根系受害，整株死亡。

2. 发生原因

烧苗多发生在气温多变的春季，育苗中期、晴天中午若不及时揭膜通风，温度会迅速上升，当床温达 40℃以上时，容易产生烧苗现象。夏秋育苗时，久雨后天晴，如果不能及时揭开棚膜放风，也容易发生烧苗现象。另外，烧苗还与苗床湿度有关，苗床湿度大烧苗轻，湿度小烧苗重。

3. 防止方法

（1）注意天气预报，晴天及时适量做好苗床通风工作，保持苗床温度白天 20～24℃。

（2）烧苗出现时最为有效的方法是浇水，浇水时不能揭膜，应从苗床一端开口进水，待苗床温度下降之后或次日再正常通风。

（3）烧苗出现后，要及时进行苗床遮阴，待苗床温度降到适宜温度时，开始逐渐通风，临近傍晚时，揭除遮阴覆盖物。

（二）闪苗

1. 现象

揭膜之后，幼苗很快产生萎蔫现象，继而叶缘上卷，叶片局部或全部白枯，但茎部尚好，严重时也会造成幼苗整株干枯死亡。

2. 发生原因

当苗床内外温差较大，苗床温度超过 40℃以上时，突然大量通风，由于空气流动加速，叶面蒸发量剧增，失水形成，再者，冷风进床，幼苗在较高的温度下突然遇冷，也会产生叶片萎蔫，进而干枯。

3. 防止方法

（1）控制苗床温度，注意及时通风。当床温上升到 28℃以上时，应当及时通风降温。

（2）正确掌握通风方式。随着气温的升高，逐渐加大通风量，延长通风时间，通风口由少到多，通风量由小变大，使苗床内温度缓慢降至幼苗生长需要的温度。

（3）准确选择通风口。通风时，选择在棚室的背风一侧，揭开薄膜通风，避免冷空气或热空气直接扫过苗床。

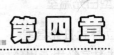

第四章

日光温室辣椒高效栽培

第一节 日光温室的类型与特征

一、日光温室的类型

(一) 冬暖式钢架日光温室

冬暖式钢架日光温室无立柱支撑，主桁架采用双弦梁焊接结构，棚面用热镀锌管横向焊接固定，主桁架间距一般 0.8～1.2米，墙体采用砖墙或土墙结构。此种温室结构较立柱式温室而言成本要高，但全钢骨架结构使温室更加坚固耐用，承载风雪能力更强，采光效果更好，棚温提升快；温室内由于无立柱阻碍，种植区域宽阔，为机械化种植带来方便，大大提高了土地利用率。冬暖式钢架日光温室跨度 8～15 米，长度 60～120 米，高度 3～5 米。

(二) 冬暖式立柱日光温室

冬暖式立柱日光温室墙体采用土墙或砖墙结构，支撑柱体采用温室建造专用梯形砼柱，棚面采用琴弦式骨架结构，用热镀锌钢管或大竹竿作为主骨架，骨架间敷设竹竿与托膜镀锌钢丝，棚面覆盖透光性好、抗老化的保温膜。采用此种骨架结构，使温室抗雪载、风载能力更强，温室使用寿命可达 20 年。此种大棚运营成本相对较低，抗压能力强，经济耐用，是目前寿光地区普遍使用的一种蔬菜大棚样式。冬暖式立柱日光温室跨度 8～15 米，长度 60～120 米，高度 3.5～5 米。

（三）拱型日光温室

1. 拱型立柱式日光温室

拱型立柱温室采用专用砼柱做支撑柱体，镀锌钢管与厚壁竹竿做棚面骨架，造价低廉，坚固耐用，一般适合春秋季反季节蔬菜种植及养殖棚。建造跨度一般在 8～15 米，建设高度 3.2 米左右。在北方地区，拱型温室较冬暖式温室而言保温性能稍低，可在棚内加设双膜或三膜，以增加夜间温度。

2. 拱型全钢架日光温室

全钢架拱型日光温室采用镀锌管钢架组装式结构，主桁架间距 0.8～1.2 米，跨度一般 6～12 米，高度 3 米左右，建造安装方便。棚内由于无立柱支撑，大大提高了棚内采光效果，利于机械化操作，提高了土地的利用率。拱型全钢架日光温室一般适合南方地区及北方春、夏、秋季节种植。

3. 简易连栋拱型日光温室

简易连栋拱型日光温室是在拱型全钢架温室的基础上改进而成的一种温室，是介于拱型温室与智能温室之间的一种新型日光温室。此种温室在双层薄膜覆盖后，可以形成厚厚的空间，能有效防止热量流失和阻止冷空气侵入，保温效果好，冬季运行成本低。该温室制造成本相对较低，属经济型温室。

二、高效节能日光温室性能特征

（一）采光好

高效节能日光温室前屋面设计充分考虑了当地特定纬度条件下的太阳高度角以及阳光入射角，使其在不同的季节和不同的太阳光入射时段都能形成比较理想的直射条件。照射到塑料薄膜上的太阳光，一部分被散射和反射掉，一部分被薄膜吸收，剩余的才会透射到温室内。所以要尽可能减少光的散射和反射，最大限

度地利用太阳能。

(二) 保温好

在日光温室内部的诸多要素中，与辣椒生长最密切的是温度。高效节能日光温室利用后墙体、后屋面及前屋面的透明覆盖材料和保温材料，最大限度地把白天太阳光入射带来的辐射热保存下来，尽可能减少夜间热传导、热辐射和热量缝隙扩散效应，使温室内部温度在夜间不低于 10℃，保证辣椒在冬季安全生产。

(三) 贮热好

高效节能日光温室综合利用墙体吸热、后屋面载热等特点，在白天有太阳照射的条件下，尽可能使墙体、后屋面、地表面大量吸热，采用热容量大的材料，大量储蓄太阳热量，夜间再不断释放出来，补偿温室气温损失的部分，保证室内温度达到要求的区间。

第二节　日光温室辣椒越冬茬生产

一、选用良种

日光温室辣椒越冬茬栽培重点解决春节前后、早春时间的市场供应，栽培时间长，对品种要求较高。耐低温、耐弱光性好，在低温弱光条件下正常坐果，生长势强，不易早衰，连续结果能力好，后期果实大小一致，高抗炭疽病、灰霉病、疫病、白粉病等病害，品质优，商品性好，果形、果色符合市场需求。

二、培育壮苗

(一) 育苗时间

日光温室越冬茬栽培，育苗期间气温逐渐降低，不同的地区，应根据当地气候、育苗设施不同，灵活掌握播种育苗时间，通常在 7 月中下旬至 9 月初，有些地区也可延续到 10 月中下旬，一般日历苗龄辣椒 60～70 天、甜椒 70～80 天，生理苗龄的大小应在定植时大部分植株显蕾为好。

（二）育苗方法

1. 育苗设施

选择地势高燥、排水良好的日光温室或大棚建设苗床。一般选用 50 孔或 72 孔的标准穴盘，50 孔穴盘更有利于培育壮苗。自配育苗基质就地取材，可选用腐熟农家肥、不带虫卵的熟化田园土、沤制锯末屑或草木灰，按 1：2：1 比例配制过筛，每立方米加入过磷酸钙 4～5 千克、50％多菌灵可湿性粉剂 250 克，消毒后混合均匀备用。

2. 苗期管理

苗期管理以前期降温、保湿为主。播种后 3～5 天，针对缺水苗盘，用喷壶及时补水；待 50％～60％种子出苗时，及时揭除穴盘上覆盖物；幼苗出齐后统一喷洒补水，平常管理均要保持苗床不干不湿。苗床四周通风口覆盖防虫网阻止蚜虫和白粉虱飞入，晴天棚顶加盖黑色遮阳网，减光通风，遇雨及时盖膜，防雨水冲刷苗床幼苗。若苗床见白，最好在早晨天凉、地凉、水凉时补水。在 8 月底至 9 月上旬的小苗阶段，夜晚温度仍然比较高，必须加大通风，控制幼苗的营养生长，避免形成徒长苗。苗期一般不需要追肥，如出现缺肥症状时，选用冲施肥或 0.2％磷酸二氢钾溶液叶面追施。苗期要及时清除苗床内外杂草，减少虫源。

三、定植前准备

（一）茬口安排

1. 清洁田园

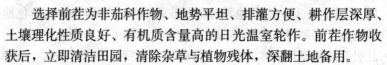

选择前茬为非茄科作物、地势平坦、排灌方便、耕作层深厚、土壤理化性质良好、有机质含量高的日光温室轮作。前茬作物收获后，立即清洁田园，清除杂草与植物残体，深翻土地备用。

2. 温室消毒

前茬收获后，利用7～8月期间的高温天气，关闭所有放风口，保持温室的密闭性，可使10厘米深处土壤的最高温度达到70℃以上，20厘米深处土壤的最高温度达到45℃，维持7～10天，利用高温杀灭表层土壤中的病菌与虫卵。也可采用药剂消毒的方法，每亩用硫黄粉1 500克、75％百菌清可湿性粉剂400克、80％敌敌畏乳油700克、八成干锯木屑2千克，混拌制成烟剂，每隔4～5米放置一堆，按照从里到外的顺序逐一点燃，密闭温室5～7天后通风。

（二）施足基肥

日光温室越冬茬栽培，辣椒的生长期较长，目标产量要求较高，必须施足基肥。结合整地，每亩日光温室施入充分腐熟的优质厩肥7 500～10 000千克、过磷酸钙75～100千克、硫酸钾20～30千克、饼肥150～200千克（彩图4-1）。

（三）整地作畦

1. 整地、作畦

越冬茬栽培通常采用高垄双行或单行栽培，高垄栽培有利于土壤耕作层通气、提高耕作层昼夜温差、促进花芽分化，还有利于补水与冲施追肥管理。深翻土壤后，南北向做垄，垄高15～20厘米，垄底宽90厘米，垄面宽60～70厘米，垄间作业沟宽度30厘米，平均行距60～70厘米。并在垄面中间开一条宽20厘米、深10厘米的肥水沟，在垄面中间铺设滴灌软管（彩图4-2）。

2. 覆盖地膜

整平垄面后，在垄面扣上白色或黑色地膜，两侧覆土压实地膜（彩图4-3）。白色地膜有利用改善温室内光照条件，黑色地膜有利于控制温室内杂草的生长。覆盖地膜不仅可提高地温，而且可有效控制地表水分蒸发，降低温室内空气的相对湿度，减轻病害的发生，并起着缓解放风排湿与保温之间的矛盾。

四、定植

（一）适时定植

日光温室辣椒越冬茬栽培，通常在8月中旬至9月底定植，可在11月收获，第二年6月下旬拉秧。

（二）定植密度

依据当地的种植习惯和辣椒品种的特征特性确定株行距。对生长势较旺、开展度较大、叶量较大的品种可适当稀植，对叶量较少、叶片较小的早熟品种，适当密植。一般按株距35～40厘米开穴，每亩日光温室定植2 500～3 000穴，每穴单株或双株定植。

（三）定植方法

定植前一天浇透幼苗水。双行栽培，按株距在地膜上按三角形错位打穴。从穴盘中轻轻取出穴盘苗，注意保护好幼苗茎基部和根系，摆入穴中，扶正，压实（彩图4-4）。幼苗定植时深度要适宜，不能过浅或过深，一般以根坨表面略低于垄面地膜为宜。为防止幼苗失水萎蔫，边定植边浇透定根水，次日用细干土封闭定植孔，防止地膜下的热气伤苗。

五、田间管理

（一）温度管理

缓苗期的5～6天内，温度宜高，白天温度不超过35℃不放风，以利缓苗，超过 35℃时从温室背部打开放风口降温。心叶开始生长表明已缓苗，应开始通风降温，白天温度维持在 25～28℃，夜间 17～18℃左右，以利花芽分化。随着外界温度降低，逐步减少放风量、缩短放风时间。外界气温低于 10℃时，夜间应加盖草苫保温，保持温室内白天温度 25℃、夜间温度 15℃左右为宜（彩图 4-5）。12 月至 1 月，应采取升温增温措施，室内加一层保温幕（二道幕），恶劣天气可采取临时加温设备加温，使室内温度不低于 13～15℃。3 月中旬以后，要注意放风，严防高温，特别是夜间高温会使植株早衰，病害加重，造成减产。

（二）水肥管理

定植后至门椒坐住前，适当控制浇水，促进坐果。门椒长至 2～3 厘米大小时，及时浇水，并随水每亩追施尿素 15 千克作催果肥。对椒坐住后，结合浇水进行第二次追肥，每亩随水冲施优质复合肥 20 千克左右。12 月下旬至 2 月中下旬为低温弱光时期，只要土壤不是特别干旱，就不需要浇水，从而避免浇水降低土温。冬季浇水可选择连续晴天中午进行。开春后，温光条件转好，一般每 7 天左右浇水 1 次，每隔一水追肥 1 次，每亩每次追尿素 15 千克左右，同时选用 0.2%磷酸二氢钾＋0.2%尿素溶液叶面喷肥。立春后，进入盛果期，是植株对肥水需求的高峰期，一般每 10～15 天浇水、追肥各 1 次，同时实施叶面追肥。

为了增强植株的光合效率，促进植株生长发育，达到高产稳产的目的，有条件的温室还可在晴日上午增施二氧化碳（CO_2）气肥。CO_2 颗粒气肥是以优质碳酸氢铵为主料，与常量元素的载体配伍，经工艺处理合成的颗粒状 CO_2 气肥，具有化学性质稳定、物理性状良好、操作方便、一次使用肥效期长等特点，能有效而稳定地提高大棚和温室内 CO_2 浓度。CO_2 气肥一般于门椒坐住后一次性穴施于辣椒行间，离根系 15 厘米处开沟，深度 1～2 厘米，每亩用量 40 千克，释放持续时间可达 60 天。施肥时注意不要将颗粒撒到叶片和花上，尽量减少通风次数，同时要保持土壤湿润，充分发挥肥效。

(三) 光照调节

越冬茬栽培中，尽量合理调配温室内的温、光、水、气、肥等因素，提高白天光合速率，通过合理密植或改变株型等措施，增大光合面积，通过合理揭盖农膜、补充人工光照或温室北侧张挂反光幕，提高光照强度或延长光合作用时间，达到高产高效的生产目标。选用无滴膜或多功能复合膜覆盖，避免薄膜凝结水滴，增加透光率。生长前期温度高、光照强，制约辣椒叶片的光合作用，可覆盖遮阳网或稀薄草帘遮阳降温，有效防止光抑制发生。11月下旬至翌年2月中下旬，外界温度低、光照弱，在保证设施内温度的前提下，通过合理适时揭盖草苫的时间，增加温室内光照时间。只要温度条件适宜，揭草苫1小时后，应该通风换气，根据室外温度设定风口大小，让外界空气中的二氧化碳早进棚室内，提高叶片的光合效能。特别在雨雪恶劣天气情况下，中午前后短时间揭去草苫等覆盖物，或室内设置辅助光源，尽量增加设施内光照时间。另外，要及时清除温室膜上灰尘杂物，提高农膜的透光率。

(四) 植株调整

1. 牵引枝条

日光温室越冬茬栽培，株型高大，为防止倒伏，需要利用支架或吊绳牵引枝条的生长。在生产中，吊绳牵引的方式较为普遍，一般是在定植后20多天，在每株的主茎上吊绳，吊绳高度不低于2米，分别系于两主茎处。牵引的角度要视植株长势而定，株势旺时，可放松些，把主茎的生长点向外侧稍微弯曲；因坐果而造成生长势衰弱的枝条，可通过疏果整枝，调节两个主茎生长点平衡生长。一般每周吊绳环绕一次。

2. 整枝

日光温室越冬茬栽培，植株长势旺盛，常采用"双干整枝"和"2+2整枝"两种方法。

（1）双干整枝：是指去掉门椒后，保留植株2个生长势比较旺盛的枝条，在每一主茎次生枝分枝处均保留1个果实，果实上部留3~4片真叶。其余长势相对较弱的侧枝和次生枝全部打掉。这种整枝方式适于长期高架栽培和高温季节栽培采用，并尽可能在那些植株长势旺盛和坐果率高的品种上使用。这种整枝方式在越冬茬生产中应用比较合适；主要是因为果实采收比较分散，不能大量集中上市，而且如不能保证每节均坐果，最终会使产量受到影响。

（2）2+2整枝：是指在去掉门椒后，当对椒已坐果时，保留植株两个生长势健壮主茎上的主侧枝，其余两个相对较弱的次一级侧枝在所坐果后上部留2~4片叶时掐尖。以后随着植株不断分杈，需要不断进行打杈，始终保持整个植株留有2个枝条不断向上生长。注意在留2个不掐尖的枝条时，不能是同一个分杈上的枝条。

3. 疏花疏果

甜椒（含彩色椒）品种的果实比较大，如果植株上保留的果实太多，势必影响果实的大小，商品性降低，因此必须疏花疏果。实际生产中，主要是疏去畸形果实，以保持大小一致、着色均匀的果实。根据植株长势，当甜椒平均每株坐果8~12个、彩色甜椒在每株坐果4~6个时，清除上部小果和花蕾，不可摘心，因为摘心后主茎上易发生新梢，增加管理难度。待这些果实基本形成产量时，不再疏花疏果，以形成第二次结果高峰。

（五）保花保果

越冬茬栽培，在开花坐果期常常由于温度比较低而造成植株落花。如果大量落花，不但给以后的栽培管理带来麻烦，势必会影响总产量和最终的经济效益。防止植株落花落果主要通过科学的田间管理实现，如创造适宜的温度、湿度、光照、通风条件，加强水肥管理，保持植株营养生长与生殖生长之间的平衡。如果落花落果严重，选用1‰防落素30～50毫克/升溶液喷花，保花保果效果较好。温度偏低时，使用浓度上限；温度较高时，使用浓度下限；温度正常稳定后，不再喷施防落素。

六、适时采收

日光温室越冬茬栽培11月开始采收，至元旦、春节集中上市。生产中通过对果实的采摘，结合肥、水促控，来调节分枝数目和分枝的长短，效果很好。在足够的水肥供应条件下，初期果实要及时采收以促进新枝分生。中后期则应注意增加采收次数，每次采摘要"摘老留嫩，摘多留少"，达到"果不空枝，以果压枝"的目的，使分枝不断抽生，形成一个分枝均匀、节长适度、枝形紧凑的生长冠，永保稳长健壮丰产株型。对于彩色椒采收，等到果实转色时采摘。彩色甜椒品种的果实不宜过熟，过熟水分散发过多，品质和产量也相应降低，不适合储藏与运输。

第三节　日光温室辣椒冬春茬栽培

一、选用良种

日光温室冬春茬辣椒栽培属于早熟栽培，要求品种兼顾早期与中后期产量，耐低温弱光，植株生长势强，能保持较强的坐果能力，果实商品性好，产量高，抗逆性强，抗病毒病、疫病、炭疽病等易发病害。辣椒品种有苏椒17号、苏椒16号、苏椒11号、苏椒5号（博士王）、苏彩椒1号、尖椒99、福湘探春等，彩色甜椒品种有白公主、紫贵人、黄太极、曼迪等。

二、培育壮苗

(一)育苗时间

根据温室前茬作物的收获时间，灵活掌握播种期。日光温室冬春茬栽培，一般辣椒日历苗龄为 70～75 天，生理苗龄的大小应在定植时大部分植株显蕾为好。不同地区的播种期因为当地气候、育苗设施的差异而不同，一般在 11 月中下旬至 12 月上旬播种育苗。

(二)育苗方法

1. 育苗设施

选择地势高燥、排水良好的日光温室或大棚建苗床。选用72 穴或 128 穴的标准穴盘。因地制宜自配育苗基质，或选用辣椒育苗专用基质。

2. 苗期管理

出苗前保温保湿，当 60％的种子发芽出土时，揭去紧贴床面的地膜。出苗期保持夜温 18～20℃、白天不超过 30℃，出苗后白天 20～25℃、夜间 18℃。苗床以偏干为好，床土干燥时选择在晴天中午浇水，阴天和雨天不宜浇水。视幼苗长势，选用叶面肥或冲施肥追肥 1～2 次。这一时期非常适宜病毒病、白粉虱、蚜虫和茶黄螨等病虫害发生，注意及时防治。定植前，逐渐加大通风量，降低苗床温度，进行低温炼苗。

三、定植前准备

(一)茬口安排

1. 清洁田园

选择前茬为非茄果类蔬菜的日光温室栽培，前茬作物收获后，及时清洁田园，清除植株残体，深翻土地。

2. 温室消毒

在秋冬季深翻土壤，冻垡晒土，可有效改良土壤结构、杀灭土壤中越冬的病原菌。也可采用药剂消毒，密闭温室，每亩用硫黄粉 1 500 克、75％百菌清 400 克、80％敌敌畏乳油 700 克、八成干锯末 2 千克，混拌制成烟雾剂，每三间温室放一堆，从里到外点燃，5～7 天后通风。

（二）施足基肥

结合整地，每亩施入 6 000～7 500 千克优质厩肥、100 千克饼肥、50 千克过磷酸钙、50～75 千克硫酸钾，其中厩肥、饼肥等有机肥必须预先充分腐熟（彩图 4-6），不但有利于提高肥效，有利于植株吸收，而且避免未腐熟有机肥在田间发酵时滋生病菌、传播虫害、释放有害气体、造成土壤缺氧、烧毁作物根系。

（三）整地作畦

1. 整地、作畦

深翻土壤后，在开沟的位置上起垄，垄高 12～15 厘米，在大行间再扶起一条垄，用于日常农事操作（彩图 4-7）。整好垄后，在小行间用细竹竿插上简易拱架。

2. 覆盖地膜

用整幅地膜覆盖畦面，并使膜边铺到垄外边 6～8 厘米，等待定植。

四、定植

（一）适时定植

北方地区通常在 2 月底至 3 月上旬定植，4 月上中旬开始采收上市。长江流域地区通常在 1 月中旬至 2 月中旬定植。

（二）定植密度

根据品种的特征特性而定。对生长势较旺、株幅宽、叶片密、果型大、熟性中等的品种可适当稀植，对株型直立、叶片稀、熟性早的品种，适当密植。一般按株距30～35厘米开穴，每亩日光温室定植3 300～4 000穴，每穴单株或双株定植。

（三）定植方法

定植宜在晴天上午进行，最好不晚于14时。定植前1天浇透幼苗水。按株距在地膜上打穴，从穴盘中轻轻取出穴盘苗，注意保护好幼苗的茎基部和根系，摆入穴中，扶正，压实。幼苗定植时深度要适宜，不能过浅或过深，一般以根坨表面略低于垄面地膜为宜。定植后，一次性浇足定根水。

五、田间管理

（一）温度管理

定植后初期，外界气温低，应密闭保温，保持白天温度30℃、夜间温度18～20℃。缓苗后，为防止植株徒长，促进坐果，应适当降温，白天控制在25～28℃，超过30℃要放风，夜温以16～18℃为宜，不能超过20℃，否则幼苗生长细弱，易早衰和落花、落果。立春后（彩图4-8），进入结果盛期，外界气温已回升，应注意增加通风量，白天通过放风时间和放风口，调节温室内的温度、湿度，使室内白天控制在25～27℃，夜温不低于15℃。当外界气温稳定在15℃以上，可将薄膜卷起，固定在温室前横梁上。进入炎夏季节，要防止高温危害，可将棚膜进一步上卷，并打开后墙的通风窗，加强通风降温。

（二）水肥管理

缓苗后，根据土壤墒情浇 1 次缓苗水。门果实长到直径 3～4 厘米时，为促进果实膨大和新枝不断形成，保证植株连续开花坐果，要加强水肥管理，选晴天浇 1 次透水，平均每亩追施复合肥 20～25 千克。以后每隔 15～20 天浇水、追肥各 1 次。立春后，进入结果盛期，气温升高，一般 5～7 天浇 1 次水，间隔 2～3 次水，随水冲施磷酸二铵、尿素、硫酸钾等肥料 20～30 千克。也可结合喷药，选用 0.3% 尿素溶液或 0.2% 磷酸二氢钾面喷施，同时选用含钙、硼、锌等元素的微肥以提高植株开花坐果性能。

（三）光照调节

为保证植株进行高效的光合作用，尽量选用流滴、防尘、抗老化的农膜覆盖，增加阳光的透射率。在保证温度的前提下，尽可能早揭晚盖草苫，延长温室内的光照时间，提升温室内的温度。每天揭去草苫后，及时清扫膜面的草屑、灰尘。在温室后墙张挂反光幕，不断调整张挂的角度，保持最好的反光效果；用石灰将温室内墙涂白，同样具有反光作用。

（四）植株调整

日光温室冬春茬栽培常采用双干整枝方式。当门椒坐住果，对椒开花后，在对椒上部选 2 条长势强壮的枝条做结果枝，其余 2 条长势相对较弱的次一级侧枝，在果实的上部留 2 片叶摘心，以后在选留的 2 条侧枝上见杈即抹，始终保持整株有 2 条壮枝结果。结果中后期，下部辣椒采收完毕后，及时摘除下部的老叶、黄叶、病叶和无效枝，以利通风透光，防止病害蔓延。日光温室冬春茬栽培，若管理水平较高，也可越夏栽培。

(五) 保花保果

辣椒花低于 10℃时难以授粉受精，冬春茬栽培，除加强温、光、水、肥等田间管理外，可选择使用生长调节剂解决这一问题。在辣椒开花盛期，选用 1‰防落素 30～50 毫克/升溶液，在 10 时以前、16 时以后，用小型喷雾器喷花。也可采用蘸花或涂抹花梗的方法。防落素的使用浓度与气温的高低关系密切，气温高时，浓度要低；气温低时，浓度要高。

六、适时采收

当果实充分膨大、表面具有光泽时，即可采收上市。前期低温阶段，自开花到商品果采收一般需 25～30 天；在适温条件下，开花后 15 天果实即可采收。对生长势较弱的植株，门椒和对椒采收要适当提前，以防坠棵，这样有利于植株正常生长及中后期结果；对生长势较强的植株，适当延收，避免植株生长过旺，不利于植株持续开花结果。进入盛果期，结合市场价格，做到早收、勤收，以争取最大经济效益。采收时操作要轻，以免碰伤、碰断枝条。

第四节　日光温室辣椒秋冬茬栽培

一、选用良种

宜选用中早熟、抗病毒能力强的品种，在生长后期较低温度条件下，果实不易发生紫斑，而且要耐贮运。辣椒可选用苏椒 15 号、苏椒 14 号、京辣 8 号、中椒 6 号等，甜椒可选用中椒 5 号、中椒 7 号、京甜 3 号等。

二、培育壮苗

(一) 育苗时间

日光温室秋冬茬栽培，要求幼苗定植时具有 7～9 片真叶，日历苗龄 30 天左右。不同地区的播种期因当地气候、育苗设施的差异而略有不同，一般在 7 月中旬至 8 月初播种育苗。

(二) 育苗方法

1. 育苗设施

秋冬茬栽培，播种时正值高温季节，需要荫棚遮蔽育苗设施，通常选择地势高燥、排水良好的日光温室或大棚，建设苗床，并预备遮阳网、防虫网等配套育苗设施材料。选用 72 穴或 128 穴的标准穴盘；因地制宜自配育苗基质，或选用辣椒育苗专用基质。播种后，覆盖地膜、无纺布等保温保湿。

2. 苗期管理

(1) 出苗过程中，注意基质的保湿，防止幼苗"带帽"出土。

(2) 齐苗后，白天气温高时，需用遮阳网遮阳降温，使苗床内温度不超过 30℃。

(3) 幼苗破心后，苗床基质以偏干为好，床土干燥时选择在早晨或傍晚浇水，阴天和雨天不能浇水。基质湿度过高，幼苗容易徒长，也易诱发猝倒病、立枯病发生。

(4) 苗期一般不需要追肥，如果幼苗出现缺肥症状，可结合浇水喷施叶面肥或冲施肥 1～2 次。

三、定植前准备

(一) 茬口安排

1. 清洁田园

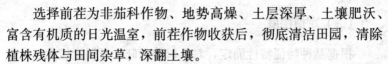

选择前茬为非茄科作物、地势高燥、土层深厚、土壤肥沃、富含有机质的日光温室，前茬作物收获后，彻底清洁田园，清除植株残体与田间杂草，深翻土壤。

2. 温室消毒

利用高温消毒，关闭所有放风口，严格保持温室密闭，这样可使地表下 10 厘米处最高地温达到 70℃，20 厘米深处的地温达到 45℃，维持 7～10 天，以杀灭病虫。

（二）施足基肥

日光温室秋冬茬栽培，要求每亩施用腐熟有机肥 6 000 千克、过磷酸钙 50 千克、腐熟饼肥 100 千克、氯化钾 40 千克、尿素 20 千克，结合整地，将肥料深翻入土，与土壤充分混合。

（三）整地作畦

1. 整地、作畦

通常采用高垄覆膜栽培，垄面宽 70～80 厘米，高 10～15 厘米，垄间操作沟宽 30～40 厘米。高垄做好后，在垄面中间纵向开挖一条深 10 厘米、宽 20 厘米的浅沟，膜下灌水、追肥，浇水。垄面可做成南低北高的微坡形畦面，以增加光照，提高土温。

2. 覆盖地膜

定植前 2～3 天覆盖地膜，选用银灰色或黑色、黑白双色地膜，宽 90～100 厘米，厚 0.008～0.01 毫米，拉平地膜，平铺在高垄上，四周用土块封严压实。

四、定植

（一）适时定植

秋冬茬苗龄较短，当幼苗达到壮苗标准时即可定植，通常在 8 月中下旬至 9 月初定植。

（二）定植密度

根据品种特征特性而定，对生长势较旺、开展度较大、叶量较大、果大、中晚熟的品种可适当稀植，对叶量较少、叶片较小的早熟品种，适当密植。一般按株距 40 厘米开穴，每亩日光温室定植 2 800～3 500 穴，每穴单株或双株定植。

（三）定植方法

幼苗达到壮苗标准后即可定植。定植前 1 天浇透幼苗水。定植时温度高、光照强，选晴天 15 时以后或阴天进行。按株距在地膜上打穴，从穴盘中轻轻取出穴盘苗，注意保护好幼苗的茎基部和根系，摆入穴中，扶正，压实。幼苗定植时深度要适宜，不能过浅或过深，一般以根坨表面略低于垄面地膜为宜。定植后，一次性浇足定根水（彩图 4 - 9）。

五、田间管理

（一）温度管理

定植后至缓苗前，保持较高的温度，以促进幼苗缓苗、发棵。缓苗后，通过调节通风量来控制温度。进入结果期，外界温度开始下降，要加强保温工作，9 月份覆盖薄膜，10 月中旬覆盖草苫或保温被。从坐果后到采收阶段要尽可能增温、保温和增加光照，如经常保持清扫薄膜，适当早放草苫保持夜间温度，尽量增加草苫数量或厚度提高夜温（彩图 4 - 10）。在生长后期，最低气温降至 10℃以下，维持室内白天气温 20～25℃，夜间 10℃以上，以延长辣椒产品的供应期。

（二）水肥管理

定植后 3～5 天内需要及时补水，促进植株快速缓苗。缓苗结束后，适量控制浇水蹲苗，促进植株根系生长。秋冬茬栽培，前期气温较高，浇水应在早晚进行。门椒开化坐果时，结合浇水进行第一次追肥，每亩可随水冲施蔬菜专用复合肥 15～20 千克，以后每隔 15～20 天浇 1 次水，根据情况每隔 2～4 水追 1 次肥。春暖气温回升后，每隔 7～10 天浇 1 次水，交替选用复合肥、硫酸钾、尿素等肥料，随水冲施。

在甜、辣椒进入结果盛期后，适当增施 CO_2 可显着提高甜辣椒产量。追施 CO_2 应严格掌握使用量、施用浓度和施用时间，浓度一般为 550～750 毫克/升，每亩用量 0.2～1 千克，施用时间应掌握在日出后不久，通风前 1 小时左右停止施用。

（三）光照调节

秋冬季栽培中后期光照强度低，应在保证温度的前提下，尽量增加薄膜透光度、延长光照时间。尽可能早揭晚盖草苫，以延长温室内的光照时间（彩图 4 - 11）。外界温度低的阴天，要掀开温室前沿见光。经常擦除膜上灰尘和膜内的水滴，保持薄膜的清洁度，增加薄膜的透光率。在温室后墙处张挂反光幕，并不断调整张挂高度和角度，保持最好的反光效果。如无反光幕，也可用石灰将温室后墙及东西墙涂白，同样具有反光作用。

（四）植株调整

定植后至门椒开花前，要及时打去门椒下面的侧枝。进入采收盛期后，枝条繁茂，行间通风透光性差，应尽早摘除内部徒长枝，打掉下部的老叶。结果中后期，要及时培土，同时可在行间设简单支架。植株下部的老叶和细弱侧枝均应及时打去，以节约养分和有利于通风透光。

六、适时采收

日光温室秋冬茬栽培，一般 10 月中旬开始采收，2 月底采收结束。根据市场行情，可分次采青椒上市，也可待青椒转红保果到元旦、春节时一次性采摘上市。

第五节　日光温室辣椒长季节栽培

一、品种选择

日光温室辣椒长季节栽培，对品种的要求比较严格。植株生长势强，侧枝较少，株型半开展或偏紧凑，枝条较硬朗，中熟或中晚熟，果形优美，果实大，果面光滑、光泽亮，耐低温弱光性好，畸形果少；后期结果仍能保持大果的特性；抗病、品质优、产量高、商品性好、符合消费市场的需求。如苏椒长帅、中椒 104 号、迅驰、长剑、格雷、百耐、黄欧宝、曼迪、红将军、塔兰多、佐罗、白公主等品种。

二、培育壮苗

（一）育苗时间

生理苗龄的大小应在定植时大部分植株显蕾为好。黄淮海地区一般在 8 月中旬播种。如果要在春节前半个月上市转色的彩色甜椒，如红色、黄色品种，则播期需要提前至 7 月上旬。

（二）育苗方法

1. 育苗设施
选择地势高燥、排水良好的日光温室或大棚，建设苗床。

一般选用 50 孔或 72 孔的标准穴盘，50 孔穴盘更有利于培育壮苗。自配育苗基质就地取材，如选用腐熟农家肥、非重茬的熟化菜园土作原料，按 4:6 比例混配，过筛后，每立方米加入过磷酸钙 4～5 千克、50% 多菌灵可湿性粉剂 250 克，混合均匀备用。

2. 苗期管理

苗期管理以降温、保湿为主。由于基质的保水性没有营养土好，所以播种后 3～5 天针对缺水苗盘用喷壶及时补水；待 50%～60% 出苗时，及时揭去覆盖物；幼苗出齐后可统一喷洒补水，平常管理均要保持苗床不干不湿。若苗床见白，一般在早晚补水。小苗阶段（8 月底至 9 月上旬）的夜晚温度仍然比较高，没有光照，必须加大通风，控制幼苗的下胚轴生长。苗期一般不追肥，可视幼苗长势在中后期叶面喷施 0.2% 磷酸二氢钾溶液，以保证幼苗健康生长。

三、定植前准备

（一）茬口安排

1. 清洁田园

前茬收获后，应抓紧时间及时清茬，清理残枝败叶、杂草、破碎地膜，进行无害化处理。同时揭掉农膜，翻耕土壤，接受雨水淋洗，改善土壤环境。

2. 温室消毒

日光温室密闭后，温室内温度可达 60～70℃，连续 5～7 天，利用高温杀菌消毒、杀灭害虫。采用药剂消毒，每亩地面用 50% 甲霜铜可湿性粉剂 350 克拌成药土，均匀撒施后翻入土中，同时 100 立方米空间用 30% 百菌清烟雾剂和硫黄粉各 50 克点燃熏蒸，然后密闭温室 24 小时消毒。

(二) 施足基肥

长季节栽培的肥料要长效、后劲足,所以基肥要充足,以优质有机肥为主。每亩日光温室均匀施入充分腐熟的优质有机肥8 000千克、腐熟的饼肥100千克、45%高效复合肥 (15∶15∶15) 80千克、硫酸锌0.6千克。

(三) 整地作畦

1. 整地、作畦

肥料施入后,耕翻土壤深30厘米以上,敲碎、耙平,采用高畦栽培,畦面宽度70厘米,畦高15~20厘米,畦间的操作道宽30厘米,在畦面中间铺设滴灌软管。

2. 覆盖地膜

畦面覆盖幅宽100厘米地膜,按株行距在地膜下打好定植孔,待栽苗,这有利于前期土壤保湿和降低冬季温室内空气湿度,减轻病害的发生。因为9月中下旬至10月上旬气温仍较高,也可等定植松土1~2次后,再全部覆盖地膜,即盖天也盖地,起保温降湿的作用。

四、定植

(一) 适时定植

当幼苗达到壮苗标准时即可定植,通常选择在9月中下旬。

(二) 定植密度

长季节辣椒品种株型高大,定植密度要小些,可按照大小行定植,大行70~80厘米、小行50厘米,每亩大约栽苗2 200~2 600株。

（三）定植方法

选择晴天下午或阴天定植。定植前一天浇透苗床起苗水。穴盘苗根系发达，与基质网结形成根坨，起苗时应避免弄碎，以免影响定植后活棵。定植时先栽大苗，最后将弱小苗种植在一起，便于日后管理。边定植边浇透定根水，切忌大水漫灌。次日要扶正倾倒的植株，并覆土封好定植孔周围的地膜。

五、田间管理

（一）温湿度管理

前期管理以降温排湿、防止徒长为主，冬季管理重点是保温防冻。缓苗后的温、湿度管理非常关键，如果管理不当，温度过高，湿度过大，会引起植株徒长，导致落花落果，形成"空秧"。定植后至 10 月上旬，加大通风，早晚勤浇水，保持温室内地面潮湿，使温室内空气湿度达到 70%。白天温度保持在 25～30℃，夜间温度控持在 15～18℃。10 月中旬，温室内气温超过 28℃时，在温室上端通风口适当通风换气；温度降到 28℃时，留小风；温度降到 20℃左右时，关闭通风口。到 11 月初寒流来临前 1 周，夜间温室外加盖草苫或保温被保温，当外界温度低于 5℃以下时，中午揭顶端通风口，短时间放小风。遇到极端低温或下雪天，草苫上加盖一层无破损的旧农膜。连阴雨天气转晴后，要求逐步、间隔地揭去草苫，以免闪苗；待温度上升后，于中午前后适当通风换气，排放阴天积聚在温室内的有害气体。翌年 3 月中旬开始，随着室内温度大幅回升，白天逐步加大温室顶端通风口和前沿风口的通风量，保持白天温度 25～28℃，控制夜间温度 18～20℃。外界夜温超过 18℃后，傍晚不需要放下农膜保温。

(二) 肥水调控

由于长季节辣椒生育期长，又是多次采收，因此要重视肥水调控，追肥次数要勤，但用量要轻。穴盘苗一般定植后没有缓苗期，因此定植后可适当蹲苗，促进植株根系生长。定植后一个月之内，根据土壤墒情，适当补水。门椒开花前几天浇1次水，供开花坐果所需；当门椒坐住后1周，结合浇水每亩冲施氮磷钾复合肥10千克，或亩穴施二氧化碳颗粒气肥40千克。盛果期是提高产量的关键时期，应保证肥水供应充足，满足膨果需要，每亩随水冲施氮磷钾三元复合肥25千克；如果盛花盛果期土壤不是过分干旱，最好不要浇水。一般每采收1～2次，每亩随水冲施氮磷钾三元复合肥10～15千克，并视植株长势叶面交替喷施0.3%磷酸二氢钾溶液或0.2%尿素溶液。甜椒（包括彩椒）果实大，结果期需钾肥量大，约为氮肥的2倍，因此追肥时以含钾量高的肥料为好，适时适量喷施硼肥和钙肥。

冬春季节，外界温度较低，注意选择在晴天中午补水、追肥。根据墒情和温度变化，一般在10～11月，每月灌水2次；12月和翌年1月温度较低，每月灌水1次；2～4月，每月灌水2～3次；5月以后进入高温季节，随着昼夜通风和天气干燥，土壤水分蒸发量大，且植株大量开花结果，需水量大，需要每5～7天灌水1次，每月灌水4～6次，一般在早晨或傍晚浇水，而且要适当增加每次的浇水量，切忌土壤出现过干过湿状态。每采收2次，结合灌水冲施氮磷钾三元复合肥15千克。

冬季日光温室浇水的适宜做法是：合理灌溉、小水勤浇、膜下暗灌和晴暖天上午浇水；浇水后适当放风，降低温室内空气湿度；切忌雨天（来临前）浇水和大水漫灌，因为雨天浇水或大水漫灌，温室内地温下降幅度大，妨碍根系对养分的吸收，容易造成烂根，而且空气湿度上升快，容易诱发部分病害，同时也造成水资源的浪费，增加灌溉成本。

(三) 光照管理

生长前期温度高、光照强，制约辣椒叶片的光合作用，覆盖遮阳网或稀薄草帘遮阳、降温，可有效防止光抑制。11月下旬至翌年2月中下旬，外界温度低，光照减弱，在保证设施内温度的前提下，通过适时揭盖草苫，增加温室内光照时间，提高叶片的光合效能。特别在遇到雨雪等恶劣天气情况下，中午前后短时间揭去草苫，在温室内张挂反光幕，必要时增设辅助光源，尽量增加温室内光照。另外，要及时清除温室农膜上的灰尘、碎草等杂物，提高农膜的透光率。冬季要及时清除积雪，防止积雪影响薄膜透光或压垮温室。

(四) 植株调整

1. 整枝

对椒开花后，将门椒以下侧枝全部抹除或剪掉，不能硬拉，以免拉伤茎秆表皮；到了盛果期，植株封垄，如果田间郁蔽，应及时打掉近地面的老叶，以利通风。前期向植株中间生长的甜椒或大果形牛角椒果实，待其长到3厘米长左右时，需要通过人工拨（转）动，使果实朝外生长，以免枝条挤压果实，造成变形。大果型辣椒长季节栽培通常采用双秆整枝，通过吊蔓保留2个主枝向上连续生长，植株通透性好，果实个大，果实着色均匀；还可采用2＋1整枝、2＋2整枝等方式。不要在阴雨天或傍晚进行打杈或整枝，以免伤口不能及时愈合而感染病菌，引起病害。

（1）双秆整枝：去掉门椒，保留2个主枝，每枝所发生2个分枝留1个强枝、去1个弱枝，保证每株只有2个主枝向上生长，在每个分枝处只保留1个果实。

（2）2＋1整枝：三杈分枝的植株保留3个主枝，二杈分枝的植株保留2个主枝和紧靠第一分杈处的1个强侧枝，以后每枝所发生2个分枝留1枝去1枝，保证每株有3个主干向上生长，在每个分枝处只保留一个果实。

2. 吊蔓

在温室后立柱上端距离地面 2 米处，东西方向固定一根 10 号铁丝，在前立柱近顶端也固定一根 10 号铁丝，再按照南北栽培畦方向每行固定一根 16 号铁丝，两端分别系在前、后立柱铁丝的铁丝上。辣椒一般在植株高 40～50 厘米时进行吊蔓，把塑料绳一端栓在植株茎上，另一端系在栽培行上部固定的铁丝上，每根果枝栓一条绳，每株吊蔓 2～3 根，采用吊蔓绳进行缠绕吊枝。吊蔓一般在 14 时以后进行，因为下午的辣椒枝条比上午柔软，不易弄伤（断）枝条，而且下午吊蔓，对植株光合作用的影响较小。

（五）保花保果

日光温室内冬季和早春阶段的低温、高湿、弱光环境是造成辣椒落花落蕾落果的主要原因之一，因此花期需要适当增加通风量，降低湿度，增加光照，控制温度。为了提高低温弱光下植株的坐果率，合理使用植物生长调节剂对温室大果型辣椒坐果有着重要作用。花开放前后 12 小时内，使用 1‰防落素 30～50 毫克/升溶液喷花。温度偏低时，使用浓度上限，温度较高时，使用浓度下限，温度正常稳定后，不再需要喷施。如果需要春节前上市红色或黄色甜（辣）椒，就得考虑果实大小和青熟果的转色时间，单株一次性留果不易太多，一般选留 5～7 个为宜；小果型品种或商品果为绿色、白色和紫色的甜椒，单株可留果 6～8 个。

六、适时采收

辣椒以果实充分长大、果肉变硬、果色变深、手轻轻对压果面而不塌陷为采收标准。红色、黄色、橙色、巧克力色等彩椒自授粉到采收一般需要 55～60 天。采收尽量在下午或傍晚进行，要求做到轻收、勤收。门椒、对椒适当早收，防止坠棵，影响植株正常生长。采收时，最好用手将辣椒轻轻向上掀起，自动脱落或者用工具将甜椒从果柄处剪下。一般盛果期 5～7 天采收一次，以争取高产，获取最大经济收益。

塑料大棚辣椒高效栽培

第一节　塑料大棚类型与环境特征

一、塑料大棚的类型

（一）简易竹木结构大棚

竹木结构大棚是塑料大棚发展过程中最初的结构类型，各地区规格不尽相同，但其主要参数和棚形基本一致，大同小异。大棚的跨度6～15米，长度30～80米，肩高1～1.5米，脊高1.8～2.2米，拱架间距0.6～1米，并用纵拉杆连接，形成整体。优点是取材方便，造价较低，施工容易。缺点是棚内柱子多，遮光率高，作业不方便，竹木入土部分易腐烂，寿命短，抗风雪荷载性能差。

（二）水泥结构大棚

水泥结构的大棚，水泥柱与弧形棚顶结合，每个拱形棚架由一对弯曲的水泥柱组成。为了能使水泥柱弯曲部位承受较大的压力，预制弯曲性水泥柱时，柱内横剖面钢筋要呈三角形排列。支撑的水泥柱按照预定位置埋入土里，前后左右都由粗铁丝连接而成。大棚的跨度一般6米，长度30～50米，脊高1.8～2.2米。水泥结构牢固耐用，棚内空间大，作业方便，抗风雪荷载性能强，但水泥柱比较宽，遮光率仍较高。

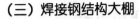

(三) 焊接钢结构大棚

焊接钢结构大棚,拱架是用钢筋、钢管或两种结合焊接而成的平面衍架,上弦用 16 毫米钢筋或 6 分管,下弦用 12 毫米钢筋,纵拉杆用 9~12 毫米钢筋。跨度 8~12 米,长 30~80 米,脊高 2.5~3 米,拱架间距 1 米左右。纵向各拱架间用拉杆或斜交式拉杆连接,固定形成整体。拱架上覆盖薄膜,拉紧后用压膜线或 8 号铅丝压膜,两端固定在地锚上(彩图 5 - 1)。这种结构的大棚在西北、华北和东北地区有一定的栽培面积,骨架坚固,无立柱,棚内空间大,透光性好,作业方便。但这种骨架需涂刷油漆防锈,1~2 年需涂刷一次,比较麻烦,如果维护得好,使用寿命可达 6~7 年。

(四) 镀锌钢管装配式大棚

镀锌钢管装配式大棚骨架由钢管组成,其拱杆、纵向拉杆、斜拉撑、端头立柱均为薄壁钢管,并用专用卡具(包括钢丝夹、U 形螺丝、卡槽、卡簧、卡槽双接头、管槽固定器、固定夹箍、拉杆护套、螺丝螺母等)连接形成整体,所有杆件和卡具均采用热镀锌防锈处理,是工厂化生产的工业产品。黄淮海地区这种单体大棚一般跨度 6~8 米,长度 30~60 米,肩高 1~1.5 米,脊高 2.5~3.0 米,拱架间距 0.8~1.0 厘米,纵向用纵拉杆(管)连接固定成整体(彩图 5 - 2)。这种大棚为组装式结构,没有焊接点,建造方便,并可拆卸迁移;棚内空间大,作业方便,遮光少,保温好,有利于茄果类、瓜类等作物生长;构件抗腐蚀、整体强度高、承载风雪能力强,使用寿命可达 15 年以上,是目前最先进、使用最广泛的大棚结构形式。

二、塑料大棚的环境特征和调控

(一)温度

冬春季有光照的天气，太阳出来后大棚内增温明显，最高气温与棚外平均可差 20℃以上，夜间最低气温与大棚外气温比较接近，平均相差 1～3℃。阴雨天气大棚内外气温差别较晴天要平稳得多，最高气温平均相差 8℃左右，最低气温相差 1～2℃，连续阴雨天气温差则相差很小。大棚内气温分布也不均匀，一般大棚中间气温高于两边，顶部气温高，下部低，特别是晴天早晨气温最低时，棚内由地面到棚顶的垂直降温分布更为明显，大棚内以地温变化幅度最小。晴天大棚内温度一般每小时可升高 5～8℃，14 时前后达到高峰值，以后随着日落而温度逐渐下降。日落至黎明前每小时大约降低 1℃左右，黎明前达到最低值。

(二)湿度

塑料薄膜的封闭性强，棚内空气与外界交换受到阻碍，土壤蒸发和叶面蒸腾的水汽难以发散，因此冬春季大棚内常呈现高湿状态，相对湿度可达 70%～100%。夜间明显高于白天，闭棚明显高于放风，雨雪天和浇水后湿度很高。在白天大棚通风的情况下，棚内空气相对湿度随着气温升高而降低。在越冬栽培和春提早栽培中，夜晚大棚内湿空气遇冷后会凝结成水膜或水滴，附着于薄膜内表面或植株体上，翌日随着气温上升，冷水滴则由降落到叶面或地面。大棚空气的调控主要通过通风换气，促进棚内高湿空气与外界低湿空气相交换，有效降低棚内相对湿度。

(三)光照

大棚架材影响光照强度。竹木大棚使用的竹竿、横木和内立柱较多，水泥大棚使用的弯曲水泥柱也较多，而且较宽，都大大降低了大棚内的光照强度。棚内的光照与膜内表面附着的水滴、外表面黏附的灰尘以及农膜的老化程度有关，棚膜内表面有水滴或黏附灰尘，或老化，光照会降低 20%～40%。棚内光照还与棚膜原料有关，新塑料薄膜的透光率为 80%～85%，PE（聚乙烯）膜透光性最好，PVC（聚氯乙烯）膜透光率下降快，而 EVA（乙烯-醋酸乙烯）膜透光率介于 PE 膜与 PVC 膜之间。但目前我国棚室的覆盖材料仍比较差，透光、抗化、防尘等常规要求的性能都远低于国外，并且寿命较短。

　　大棚内的光照条件还受栽培季节、天气状况、覆盖方式（棚形结构、方位、规模大小等）和薄膜使用新旧程度的影响。

（四）气体

　　薄膜覆盖限制了大棚内空气流动与交换，在辣椒植株高大、枝叶茂盛、盛花盛果阶段，棚内空气中的二氧化碳浓度变化很剧烈。早上日出之前由于植株呼吸和土壤释放，棚内二氧化碳浓度高出棚外 2～3 倍（330 毫升/米^3 左右）；8～9 时以后，随着叶片光合作用的增强，可降至 100 毫升/米^3 以下，因此，日出后要酌情通风换气，及时补充棚内二氧化碳。

　　另外，可进行二氧化碳人工施肥，浓度为 800～1 000 毫升/米^3，在日出后至通风换气前使用。人工施用二氧化碳，在冬春季低温、弱光照情况下，增产效果十分显著。在低温季节，大棚经常密闭保温，很容易积累有毒气体，如氨气、二氧化氮、二氧化硫、乙烯等造成危害。一氧化碳和二氧化硫的产生，主要原因是用煤火加温、燃烧不充分或煤的质量差，有条件的要用热风或热水管加温，把燃烧后的废气排到棚外。

　　塑料薄膜、塑料管在老化过程中可释放出乙烯，引起植株早衰。为了防止棚内有害气体积累，不能使用新鲜厩肥作基肥，也不能用未腐熟的粪肥作追肥；严禁使用碳酸（氢）铵做追肥，用尿素或硫酸铵作追肥时要掺水浇施或穴施后及时覆土；肥料用量要适时适量；低温季节也要适时通风，以便排除棚内有害气体。

（五）盐分

大棚冬春季长期覆盖农膜，环境比较密闭，缺少雨水淋溶；水分不断蒸发和被辣（甜）椒植株吸收利用，土壤深层盐分随地下水分由下而上移动跑到土壤表层，容易引起耕作层土壤盐分过量积累，造成盐渍化。秋季大棚内灌水次数多，使土壤的团粒结构遭到严重破坏，土壤渗透能力降低，水分蒸发后使盐分积聚下来。土壤发生盐害，土表出现白如薄霜的结晶物；严重地块则出现红霉、青霉，分别为磷、钾过量施用而滋生的微生物所致。

因此，要重施有机肥做基肥，包括农家肥、商品有机肥等，适当深耕；增施生物肥料；避免长期使用氮素化肥。追肥宜淡，最好进行测土平衡施肥。每年 7～8 月高温时段土壤要有一个休闲期，利用换茬空隙，撤膜淋雨溶盐或灌水洗盐，或在夏天只盖透水性好的遮阳网进行遮阳栽培，使土壤得到雨水的溶淋而洗盐。土壤盐渍化严重时，可采用淹水压盐，效果很好。另外，采用软管滴灌、地膜覆盖、无土栽培、合理轮作，均是防止土壤盐渍化的措施。

第二节　塑料大棚辣椒春提早栽培

一、选用良种

塑料大棚春提早辣椒栽培的主要目的是争取前期产量，因此宜选用分枝性好、耐低温、耐弱光照、坐果率高、膨果速度快、中前期产量高、抗病抗逆性强、果实商品性符合市场需求的早熟辣椒品种。目前，生产中主要选用苏椒 16 号、苏椒 17 号、苏椒 5 号（博士王）、苏椒 11 号、苏彩椒 1 号、苏椒 13 号、福湘探春、汴椒极早等品种。

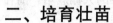

二、培育壮苗

(一) 育苗时间

　　塑料大棚辣椒春提早栽培，生理苗龄的大小应在定植时大部分植株显蕾为好。冷床育苗适宜的日历苗龄为 110 天左右，温床育苗适宜的日历苗龄为 60～70 天。不同地区的播种期因当地气候、育苗设施的差异而不同。冷床育苗选择在 10 月中下旬播种为宜，温床育苗选择在 11 月下旬至 12 月初播种。

(二) 育苗方法

1. 育苗设施

　　选择地势高燥、排水良好的大棚或日光温室建设苗床，铺设电热线。选用 72 穴或 128 穴的标准穴盘，因地制宜自配育苗基质或选用辣椒育苗专用基质。播种后覆盖地膜、无纺布等保温保湿。

2. 苗期管理

　　出苗前保温保湿，当有 50％～60％种子发芽出土时，揭去苗床表面地膜，有 75％的幼苗出土后，揭开小拱棚膜通风，降低苗床湿度。出苗期保持夜温 18～20℃、白天气温不超过 30℃、齐苗后白天 20～25℃、夜间 18℃ 左右。苗床基质以偏干为好，床土干燥时选择晴天中午浇水，阴天和雨天不浇水。视幼苗长势，选用叶面肥或冲施肥追 2～3 次。注意苗期猝倒病和立枯病防治。移栽前 1 周逐步揭去小拱棚膜，进行低温炼苗，以适应塑料大棚的栽培环境。

三、定植前准备

(一) 茬口安排

1. 清洁田园

选择水旱轮作或前茬为非茄果类蔬菜的大棚栽培,前茬作物收获后,立即清洁田园,进行耕翻和晒地。

2. 大棚消毒

最好在头年的秋冬季将土壤深翻冻垡晒土,改良土壤结构和杀灭土层中的病虫。搞好冬耕、冬灌和冬施肥。采用药剂消毒,密闭大棚,每亩用硫黄粉 1 500 克、75%百菌清 400 克、80%敌敌畏乳油 700 克、八成干锯末 2 千克混拌,制成烟雾剂,从里到外点燃,5～7 天后通风。

(二) 施足基肥

底肥以肥效持久的有机肥为主,每亩施用优质腐熟农家肥5 000千克、饼肥 100 千克、过磷酸钙 50～100 千克、复合肥 50千克。农家肥和饼肥必须充分腐熟后才能使用,否则易造成烧苗、滋生各种病虫害。施肥要求匀称,不可堆积。

(三) 整地作畦

1. 整地、作畦

土壤要深耕,耙细耧平,表面不能出现坑洼。依据当地种植习惯整地作畦或做垄。一般采用高畦栽培,大棚中间留宽 80 厘米的走道,两侧各作 1 畦,畦高 15～20 厘米,畦宽 1.8～2 米左右。

2. 覆盖地膜

大棚内结合小高畦采用地膜覆盖提高地温,不但有利于辣椒根系生长,促进早发棵,提早采收,而且具有保墒和降低棚内空气湿度的作用。高畦或高垄做好后,预先在植株行间铺设滴灌软管,然后覆盖地膜并将地膜四周压实。如果不采用膜下软管滴灌,而使用传统的明水沟灌,则一次灌水量大,地表长时间保持湿润,导致棚温和地温降低过快,蒸发量加大,水蒸气不易散出,引起棚内湿度过高,容易诱导病害发生。准备工作完成后,

密闭大棚，以提高土壤温度，有利于定植后的植株缓苗。

四、定植

(一) 适时定植

根据塑料大棚的保温情况，选择冷尾、暖头定植，双层大棚栽培、多层覆盖栽培的可以适当提前定植。长江中下游、黄淮海地区一般在 1 月下旬至 2 月上中旬定植，华北地区一般在 2 月中下旬至 3 月上旬定植。

(二) 定植密度

根据品种特性而定，对生长势较旺、开展度较大、叶量较大的品种，可适当稀植，对叶量较少、叶片较小的早熟品种，适当密植。一般按行距 40 厘米、株距 26～30 厘米开穴，每亩定栽 3 800～4 000 穴，依据当地种植习惯采用单株或双株定植。由于大棚春提早栽培前期辣椒价格较高，管理水平较高的农户可以适当增加定植密度，以保证前期产量，争取经济效益最大化。

(三) 定植方法

选择晴天上午 9 时后定植，定植前 1 天浇透幼苗水。按株行距在畦面或垄面地膜上打穴。定植时，从穴盘中轻轻取出穴盘苗，注意保护好幼苗的茎基部和根系，植入定植穴中，扶正，围土，稍用力压实。穴盘苗定植的深浅度要适宜，不能过浅或过深，一般以根坨表面略低于垄面地膜为宜。定植后，一次性浇足定根水。

为了保证前期产量，定植完成后，需要在畦面上搭建小拱棚。小拱棚高 70～90 厘米，拱间距 50～60 厘米，可以采用竹片、细竹竿、塑料纤维弓等材料作为拱架，采用 3 道横拉杆连接拱架，注意两侧横拉杆略高于幼苗高度即可，过高或过低均会使小拱棚膜耷拉在幼苗上，影响植株正常生长，覆盖厚度 0.05 毫米、幅宽 3 米的无滴膜，再覆盖保温被、无纺布或草帘保温，草帘采用鱼鳞状覆盖。所有操作结束后，关严大棚门，并在门头张挂防风草帘，或在门口内侧悬挂二道膜挡风，进入大田管理阶段。

五、田间管理

(一) 温度管理

定植后的 5～6 天（缓苗期）内，密闭大棚，夜间棚外四周围草帘保温防寒，棚温白天保持在 28～30℃，不超过 35℃不放风，夜温尽可能保持在 18～20℃。缓苗后，适当降低棚内温度，以防徒长，白天可降到 20～28℃，超过 30℃必须放风，夜温以16～18℃为宜。开花坐果盛期，外界气温逐渐升高，逐渐撤出大棚内的小拱棚草帘，使大棚内保持适温，须有较大的通风量和较长的通风时间。通过调整温、湿度使辣椒植株生长健壮，节间短，坐果多。长江中下游地区在 4 月 20 日前后、夜间外界温度稳定在16℃以上时，傍晚不再需要关闭通风口，保持昼夜通风。进入炎夏高温季节，可将塑料薄膜揭去或四周掀起。如长江流域在 5 月中下旬可全部撤除薄膜，东北、西北及华北可等到 6 月中旬再将大棚薄膜撤除，视茬口和植株长势，可继续进行露天越夏栽培。

(二) 水分管理

在缓苗期内，一般不需要补水，以免因浇水而导致土壤温度降低，不利于植株缓苗生长。缓苗后浇一次水，满足植株发棵的需水要求。开化坐果期为水分关键时期，土壤不能干旱。大量开花结果时，营养生长与生殖生长旺盛，需要的水分也随之增多（彩图 5-3）。

植株生长前期因为温度低，应该选择干净的水源，上午浇灌小水为宜，水温不能过冷，如果土壤含水量过高，或造成涝害，

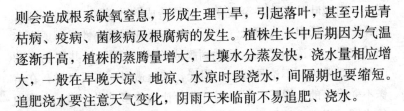

则会造成根系缺氧窒息，形成生理干旱，引起落叶，甚至引起青枯病、疫病、菌核病及根腐病的发生。植株生长中后期因为气温逐渐升高，植株的蒸腾量增大，土壤水分蒸发快，浇水量相应增大，一般在早晚天凉、地凉、水凉时段浇水，间隔期也要缩短。追肥浇水要注意天气变化，阴雨天来临前不易追肥、浇水。

（三）肥料管理

辣椒缓苗后，使用充分腐熟的畜粪肥提苗效果较好，20千克水对人粪尿1～2勺浇施或使用辣椒专用冲施肥；门椒坐住并长到大拇指头大小，浇施促果肥一次；利用滴灌栽培的，每亩冲施氮磷钾复合肥10千克；盛果期加大追肥量，促进多坐果和果实膨大。一般在辣椒开花结果到第一次采收之间，随着氮素施用水平的提高，开花数和新的侧枝增多，叶面积不断扩展，果实加速膨大。盛花盛果期对矿质元素吸收达高峰，应该结合浇水平衡施肥，达到以水控肥的效果；同时要及时补充钙肥，叶面喷施0.2%的硝酸钙水溶液，或喷施绿芬威3号等含钙叶面肥，预防果实发生脐腐。生长后期由于辣椒根系活力有所降低、吸肥能力开始衰退，可以结合防病治虫叶面追施0.3%的磷酸二氢钾或尿素，肥料用量小、肥效快。每采收1～2次追施速效肥料1次，结合浇水，每亩追施优质氮磷钾复合肥10～15千克，间或追施尿素15千克，但氮肥用量不能过多，否则会造成植株疯长，叶柄变长，叶片下垂。冬春季寒冷阶段，大棚内尽量避免使用碳酸氢铵等易挥发氨气的肥料。若要施用碳酸氢铵，则要深施，不可撒施，否则施用不当，会产生氨害。无法深施时，可先将肥料溶于水中，然后随浇水冲施。

（四）光照调节

大棚春提早栽培可合理密植，以提高前期产量，但若种植密度过大，往往造成叶片相互重叠，下部叶片的光照强度低于光补偿点，引起叶片黄化甚至脱落，且易造成落花落果。在此期间，还经常遇到低温弱光照天气，所以首先要选用流滴性强、透光率高的农膜，如选用聚氯乙烯无滴膜或乙烯-醋酸乙烯共聚物多功能复合膜覆盖。不论是晴天、阴天，甚至遭遇雨雪天气时，在植株不受冷害的前提下，尽量揭开草苫让植株多见光，增加大棚内的光照，提高光补偿点，增强叶片的光合作用（彩图5-4）。每天揭去草苫后，要及时清扫膜面的草屑和灰尘。在雪天，及时扫除膜上积雪，增加大棚内光照，防止积雪压垮大棚。

进入4~5月份，光照强度大，往往超过辣椒的光饱和点，抑制叶片的气孔开放，降低叶片的光合作用，辣椒的生长会受到抑制，甚至灼伤叶片，发生日灼病，所以要加大通风时间，降低大棚内温度与光照。还可以使用亚硫酸氢钠溶液进行化控，它是一种廉价的间接性光呼吸抑制剂，使用方法是在4月底当四门斗椒坐果后，每亩用量4~8克、浓度120~240毫克/千克，喷雾，每隔7天使用1次，可使用3~4次，使用浓度前低后高，喷施后加强肥水管理，可有效控制辣椒光呼吸，减少养分消耗，促进辣椒生长发育。

（五）植株调整

植株调整宜选择晴天进行，以利于伤口愈合。有些品种会发生倒伏现象，要及时吊秧。炎夏过后，结果已到上层，植株趋向衰老，结果部位远离主茎，果实营养状况恶化，此时要对植株进行修剪更新，修剪时从第三层果枝（四门斗）的第二节前5~6厘米处短截，弱枝易重，壮枝宜轻，修剪后叶面积将减少3/4。修剪一般于9时进行，使伤口能在当天愈合。修剪后可喷甲基硫菌灵＋农用链霉素药防病，并加强水肥管理，促进新枝生长和开花坐果。结果中后期，下部辣椒采收完毕后，及时摘除下部的老叶、黄叶、病叶和无效枝，以利通风透光，防止病害蔓延。对于株型较高、挂果数较多的植株，可采用吊蔓或搭架的方式，避免植株倒伏，也有利于农事操作（彩图 5 - 5，彩图 5 - 6）。

（六）保花保果

大棚春提早栽培前期阶段，由于低温、弱光照的设施环境常造成植株落花落果，因此必须加强肥水管理、防止干旱和积水、保持均衡充足的营养（注意防止偏氮肥），促进植株营养生长与生殖生长的均衡发展。在加强农业措施的同时，可适当采用生长调节剂保花促果，如选用1‰防落素 30～50 毫克/升溶液。

六、适时采收

塑料大棚春提早栽培，当果实充分膨大、表面具有光泽时，即可采收上市。前期低温阶段，自开花到商品果采收一般需25～30 天；在适温条件下，开花后 15 天果实即可采收上市（彩图 5 - 7，彩图 5 - 8）。对生长势较弱的植株，门椒和对椒采收要适当提前，以防坠棵，这样有利于植株正常生长及中后期结果；对生长势较强的植株，适当延收，避免植株生长过旺，不利于植株持续开花结果。采收时操作要轻，以免碰伤、碰断枝条。大棚春提早栽培，前期市场价格相对较高，价格的波动幅度也较大，要注意市场行情，适时采收上市，以争取最大经济效益；进入盛果期，结合市场价格，做到早收、勤收。

第三节　塑料大棚辣椒秋延后栽培

一、选用良种

大棚辣椒秋季延后栽培，育苗期和生长前期高温多雨，生长后期低温寒冷，应根据当地种植习惯和市场需求，选择适宜当地种植、果实大小适中、商品性好、耐贮运、高抗病毒病、生长势旺的早中熟品种为宜。目前，生产中主要采用苏椒 14 号、苏椒 15 号、苏椒长帅、苏椒佳帅、绿园 3 号、洛椒 4 号等品种。

二、培育壮苗

（一）育苗时间

塑料大棚辣椒秋延后栽培，幼苗的日历苗龄为 30 天左右，一般不超过 40 天。播种过早，高温、强光、干旱、暴雨等恶劣天气容易诱导幼苗发生病毒病，容易出现瘦弱苗、小苗、病苗；播种过晚因生长后期低温寒冷环境，上部果实不能充分膨大，并且还影响到中下层果实的红果色度，降低了果实的外观品质。华北地区一般在 6 月底至 7 月上中旬播种，长江中下游地区可在 7 月中下旬至 8 月初播种。

（二）育苗方法

1. 育苗设施

选择地势高燥、排水良好的大棚建设苗床。选用 72 穴或 128 穴的标准穴盘，因地制宜自配育苗基质，或选用辣椒育苗专用基质。播种完成后，在大棚外或搭建小拱棚，加盖遮阳网遮阳、降温、保湿。

2. 苗期管理

出苗前注意保湿。40% 的种子发芽出土后，及时撤除苗床覆盖物。出苗后加强通风，晴天中午前后加盖遮阳网遮阳，避免强光照射苗床，降低苗床温度（彩图 5-9）。苗期外界温度较高，注意观察基质墒情，基质表层发白时，要及时补水，否则易引起幼苗受害萎蔫，不利于培育壮苗。浇水时间以清晨或傍晚为好，中午前后不能浇水。苗期注意避雨管理。大棚秋延后栽培的苗期较短，基质养分可充分满足幼苗生长需要，一般不需要追肥。注意防治蚜虫和粉虱，可悬挂诱虫板诱杀，最好使用防虫网隔离虫源。

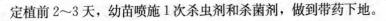

定植前 2～3 天，幼苗喷施 1 次杀虫剂和杀菌剂，做到带药下地。

三、定植前准备

（一）茬口安排

1. 清洁田园

选择排灌方便、通风良好、有机质丰富的地块，水旱轮作或近 2～3 年未种植茄科作物的大棚，有利于克服连作障碍。前茬作物收获后，及时清洁田园，清除植株残体，撤去大棚膜，深翻土壤，晒垡。

2. 棚室消毒

大棚秋延后栽培利用 7～8 月的高温强光条件，高温闷棚消毒。具体做法是：前茬收获后，保留大棚膜，深翻土壤 25 厘米，灌大水，密闭大棚 15～20 天，使 10 厘米土壤内土温达到 60～70℃，不仅可杀死土壤中大部分病菌和害虫，同时还能加速肥料腐熟。

（二）施足基肥

每亩大棚施入腐熟有机肥 3 500～4 000 千克、过磷酸钙 50 千克、45% 硫酸钾型复合肥 50 千克。如果施入有机肥菜籽饼、鸡粪等作基肥，则菜籽饼、鸡粪必须事先充分腐熟，否则遇定根水会发酵，释放的热能会烧伤幼苗根系，造成植株脱水、逐渐萎蔫直至死亡。

（三）整地作畦盖膜

1. 整地、作畦

依据当地种植习惯整地作畦。通常采用高畦栽培，大棚中间留宽度 80 厘米左右的走道，两侧各作 1 畦，畦高 15～20 厘米，宽 1.8～2 米。

2. 覆盖地膜

铺设滴灌带，覆盖地膜，四周用土压实。按行距 40～45 厘米、株距 33～35 厘米开定植穴。铺设软管和地膜定植，前期可防止土壤水分过分蒸发，后期起到保温、降湿、抑制杂草生长的作用，有效控制病虫危害及烂果。

四、定植

（一）适时定植

大棚秋延后栽培，当辣椒穴盘苗达到壮苗标准时即可定植。黄淮、江淮地区一般于 8 月中下旬至 9 月初定植。

（二）定植密度

根据品种特性而定，对生长势较旺、开展度较大、叶量较大的品种可适当稀植，对叶量较少、叶片较小的早熟品种，适当密植。一般按行距 40～45 厘米、株距 30 厘米开穴，亩栽 4 000 穴，每穴单株或双株定植。

（三）定植方法

坚持在大棚内定植，以免雨水影响植株生长、诱发病害。选择阴天或晴天 15 时以后定植。定植前浇透起苗水，定植时小心起苗，防止根坨松散，避免损伤根系。定植深度以基质根坨低于畦面 1～2 厘米为宜。由于气温较高，水分散失较快，为防止植株失水萎蔫，要求边定植边浇透定根水。定植后理平地膜，用细土封严定植孔。

五、田间管理

（一）温度管理

定植初期，白天温度高，光照强，外界温度较高，空气干燥，对辣椒生长不利，可昼夜通风。有条件的可覆盖遮阳网遮阳降温，也可通过早、晚浇水来降低地温。大棚辣椒秋延后栽培，要求在 10 月份低温前基本完成开花坐果，进入 10 月份后，白天逐步减少放风，晚间闭棚保温，使白天温度保持 25～28℃，夜间 15～18℃。外界气温急剧下降，棚内最低气温下降到 15℃以下时，晚上应开始加盖覆盖物保温，设法使大棚内的温度白天保持 25～28℃，夜间 15～18℃。当夜间最低温度降至 5℃时，为延长辣椒的采收供应期，可在大棚内再搭小拱棚或二道幕，小拱棚的薄膜白天揭，晚上盖，逐渐缩小放风量和放风时间（彩图 5-10）。

（二）水肥管理

生长前期气温偏高、水分蒸发量较大，应该在早晚天凉、地凉、水凉时浇水，防止土壤水分亏缺。严禁在中午气温高的情况下浇水。一般定植后次日补一遍水，缓苗后再浇缓苗水；以后遵循畦面"不干不浇水，干了浇小水"的原则，严禁大水漫灌；生长后期温度下降较快，注意控水。地膜覆盖给直接追肥造成不便，因此秋延后大棚栽培肥料以重施基肥为主，追肥为辅，但在门椒长到中指长度、对椒长到拇指长度时追施一次膨果肥，亩棚室追尿素 10 千克；生长后期可采用叶面喷肥，喷施 0.2%～0.3% 的尿素或磷酸二氢钾溶液，间隔 15 天喷 1 次，以促进果实生长发育（彩图 5-11）。

（三）光照管理

在定植初期，温度较高，光照较强，可在大棚外加盖一层遮阳网遮阳，降低大棚内的温度和光照，有利于辣椒幼苗的缓苗。在辣椒生长中后期的冬季，外界温度较低，不论晴、阴、雨、雪等寒冷天气，只要棚内温度达 5℃以上，每天都要尽量揭开草帘增加光照，对春季活体保鲜的红椒，遇到高温时段需要遮阳降温，以保持辣椒果实不软不烂。

(四)植株调整

植株坐果正常后，要摘除门椒以下的腋芽，对生长势弱的植株，还应将已坐住的门椒甚至对椒摘除，以集中养分供应其他果实生长。11月上旬进入初霜期，商品椒已基本形成后，要及时摘心去除嫩梢、无效枝芽和小花蕾，以减少养分消耗，集中供应果实，提高单果重，促进下部果实变红。在条件不适宜的情况下，为防止辣椒落花落果，可选用1‰防落素30~50毫克/升溶液喷花处理。11月上、中旬初霜来临前，商品椒基本形成，要及时打掉多余侧枝、嫩枝、小花蕾及幼果，减少养分消耗，促进已挂果实膨大。一般情况下，每株辣椒以保留15~18个商品椒为宜。

(五)活体保鲜

以红椒为栽培目标的秋延后栽培，可使用活体保鲜技术。辣椒果实进入转红期时，温度下降，注意及时加盖小拱棚膜及草苫、保温被等。保持棚内16~20℃。翌年气温逐渐上升时，及时揭覆盖物，通风换气。晴天9时后加盖遮阳网，防止植株生理性失水造成裂果，延长红椒活体保存时间。采用活体保鲜栽培，红椒上市时，市场上鲜食红椒的供应量较少，可获得很好的经济效益。

六、适时采收

一般12月中旬开始采收，2月底采收结束。根据市场行情，可分次采青椒上市，也可待青椒转红保果到元旦、春节时一次性采摘上市(彩图5-12)。红椒可通过贮藏，根据市场行情，在元旦、春节期间上市，从而获得更高的经济效益。红椒贮藏主要有埋藏法、窖藏法、气调贮藏法等。在江苏淮安地区，在全国享有盛誉的"淮安红椒"，多采用连秧贮藏（即活体保鲜）的方法，待红椒成熟后，通过控光控温、通风排湿等管理手段，保持红果实的新鲜度，延长红椒产品的供应时间。

第四节　连栋大棚春茬辣椒栽培

一、选用良种

连栋大棚春茬栽培的主要目的是争取前期产量和总产量，因此宜选用分枝性好、耐低温、耐弱光照、坐果率高、膨果速度快、中前期产量高、抗逆性强、果实商品性符合市场需求的早熟辣椒品种。目前，生产中主要选用苏椒 5 号、苏椒 11 号、苏椒 16 号、苏彩椒 1 号、苏椒 13 号、福湘探春、汴椒极早、杭椒、洛椒等品种；按订单生产彩色椒，采用连栋大棚栽培效果比较好，可选用黄欧宝、紫贵人、黄太极、白天使、伊萨贝尔等。

二、培育壮苗

（一）育苗时间

长江中下游地区采用"连栋大棚套大棚＋地膜"多层覆盖栽培。一般在 11 月上中旬利用电热线育苗，若连栋大棚内仅覆盖地膜栽培，播种期要延后，可以在 12 底至次年 1 月上旬加温育苗。

（二）育苗方法

选用 72 穴的标准穴盘和辣椒育苗专用基质。播种后，覆盖地膜或无纺布保温保湿。播种至幼苗出土期，保持育苗棚内温度 28～30℃。播后 5 天开始查苗出土情况，当 50%～60%幼苗出土后，及时揭除苗床土表的薄膜或无纺布，白天温度降至 23～28℃，夜温控制 18～20℃。定植前 5～7 天进行低温炼苗，同时要控制水分，减少浇水次数和水量。定植前 1～2 天，苗床普遍喷洒 1 次杀虫剂和杀菌剂，同时还要浇透苗床的起苗水。

三、定植前准备

(一) 茬口安排

最好在上年的秋冬季将土壤深翻冻垡晒土，改良土壤结构和杀灭土层中的病虫。搞好冬耕、冬灌和冬施肥。也可选用硫黄粉与百菌清混合药剂熏蒸消毒（彩图 5-13）。

(二) 施足基肥

连栋大棚栽培属于高产栽培，必须施足基肥，通常每亩施入腐熟有机肥 7 000～7 500 千克、腐熟饼肥 150 千克、过磷酸钙 50 千克、硫酸钾 20～30 千克。

(三) 整地作畦

1. 整地、作畦

由于连栋大棚空间面积大，适合机械耕作，可进行深耕细耙。连栋大棚跨度一般为 6 米，通常每条栽培畦连面带沟宽 1.5 米，畦高 15～20 厘米（彩图 5-14，彩图 5-15）。

2. 覆盖地膜

畦面平整后，铺设滴灌软管或滴灌带。及时覆盖地膜，根据畦宽选择 120 厘米宽的地膜，地膜要拉紧压实，四周用土压实，尽量避免破损（彩图 5-16）。

四、定植

(一) 适时定植

1月下旬至2月初，当辣椒幼苗高15厘米，具6～7片真叶时选择冷尾、暖头，晴天9时后定植。若仅带地膜定植，长江中下游地区推迟到3月上旬，以免地温偏低造成僵苗或产生冷害。

(二) 定植密度

每畦定植2行，大行距60厘米，小行距40厘米，株距33～38厘米。

(三) 定植方法

定植时应选大苗、壮苗，尽量多带土、少伤根、少伤叶。定植孔深度略高于营养坨或穴盘基质坨。定植后要及时浇透定根水，次日扶起倾倒的椒苗并用细土封严定植孔四周地膜(彩图5-17)。

五、田间管理

(一) 肥水管理

定植后要及时查苗、补苗。辣椒植株成活后追施1次稀肥水，每20千克水对1勺稀粪水浇施，或用淡冲施肥；门椒坐住后每亩穴施二氧化碳颗粒气肥40千克；盛花盛果期每亩追施氮磷钾复合肥15～20千克，以后每采收1～2次，追施肥料1次。棚内土壤水分保持湿润均匀，避免忽干忽湿。春季雨天或下雨前不要浇水。高温季节避开高温时间浇水，切忌大水漫灌，一般早晚补水。合理调控肥水，控制好营养生长与生殖生长之间的关系，防止植株徒长。采用膜下滴灌栽培，可实现水肥一体化管理

（彩图 5-18）。

（二）温度调控

植株生长前期，要注意保温防冻，可在大棚内再搭建中小拱棚、覆盖农膜或保温被，进门紧靠地块搭建一排防风障，力争早发棵，早封行，早结果。进入中后期，撤除中小拱棚及其覆盖物，加强棚内通风，还可打开遮阳网遮光降温。防止前期低温、后期高温造成落花、落蕾、落果。

（三）植株调整

为了方便操作和改善连栋大棚内植株间通风透光条件和减少养分消耗，对辣椒开花后适量摘除门椒以下的部分侧枝；弱小植株的门椒要提早采摘。在生长中期，在每株离根 10 厘米处插 1 根长约 70 厘米的竹竿，并将其绑在辣椒主干上，防止植株倒伏（彩图 5-19）；也可用吊蔓的方式，牵引植株生长，防止植株倒伏（彩图 5-20）。生长中后期随时摘除植株下层老叶、空枝或徒长枝，增强通风性能，改善植株中下层的透光条件。

六、适时采收

要求遵循轻收、勤收的采收原则。采收一般在晴天早上或傍晚进行。生长势弱的植株门椒和对椒要适当提前采收，以防坠棵；徒长植株结果数较少，果实要适当延后采收来控制植株的营养生长。采收初期辣椒市场价格较好，可适当灵活掌握采摘期，能早收就早收。一般每隔 3～5 天采收 1 次，每采收 2 次及时补充肥水。一般 6 月底采收结束。采收周期全部结束后，抓紧时间清理棚内残枝败叶、杂草、破碎地膜，并进行无害化处理，同时翻耕土壤，放下农膜，关严棚门，进行高温杀毒，杀死部分病虫卵，改善土壤的生态环境。

露地辣椒高效栽培

第一节　春茬露地辣椒栽培

一、选用良种

选择品种时，最好选用早熟或中早熟、抗病、耐低温、耐热、生长期较长的品种，同时考虑当地市场对辣椒商品性的需求，如中椒105、京甜1号、京甜3号、辣优15号等。

二、培育壮苗

（一）育苗时间

不同地区应根据当地的气候特征、育苗设施、栽培茬口确定播种育苗期，如长江流域地区的春茬栽培，一般在1月上中旬播种育苗。

（二）育苗方法

1. 育苗设施

选择地势高燥、排水良好的日光温室或大棚，建设苗床，采用穴盘育苗方式，因地制宜自配育苗基质，或选用辣椒育苗专用基质，培育优质壮苗。基质选用草炭与蛭石配制，其比例为2：1，或选用草炭与蛭石加废菇料为基质的，其比例为1：1：1，配制时每立方米基质加入三元复合肥2.5～2.8千克。

2. 苗期管理

播种前浇透底水，水渗后每钵播种 1 粒种子，覆土 1 厘米，覆膜。播种后白天温度保持 25～30℃，夜间 20℃左右。出苗后温度适当降低 2～3℃，以防徒长。浇水做到见干见湿，苗期追施 1～2 次苗肥，待辣椒苗有 5～6 片真叶时，便可移栽，移栽前喷施一次防疫病药剂。

三、定植前准备

（一）茬口安排

露地栽培，常遭遇雨水冲刷，为防止土传性病害蔓延，最好与大田作物、葱蒜类蔬菜作物连作。前茬收获后，彻底清茬，前茬作物的病残体、四周的杂草要全部清除出田，深耕，冻垡，晒垡。

（二）施足基肥

基肥以腐熟农家肥为主，每亩施农家肥 3 000～4 000 千克、腐熟饼肥 30～50 千克、过磷酸钙 40～50 千克、尿素 20～25 千克。

（三）整地作畦

1. 整地、作畦

辣椒露地栽培应选择地势高燥、排灌良好的地块。在干旱缺雨地区，通常采用平畦栽培；在多雨潮湿地区，通常采用窄畦或高垄双行种植方式，畦宽 1.0～1.2 米（带沟），畦高 25～30 厘米。

2. 覆盖地膜

为了提高地温，整平畦面后即可提前将地膜覆好。铺膜时拉紧地膜，膜与畦面之间不要有空隙，两侧用土压实。如地膜有破损，可用土封严。

四、定植

(一)适时定植

春季辣椒露地在终霜后即可定植,华北地区一般于4月中下旬,长江中下游地区宜在4月上旬(清明前后),两广地区在2月定植。

(二)合理密植

各地区定植密度差异很大。高畦栽培,每畦种植双行。早熟品种,株距25~30厘米,亩栽4 000~5 000穴,中晚熟品种定植株距30~35厘米,亩栽3 500~4 000穴。根据当地种植习惯,采用双株或多株栽培(彩图6-1)。

(三)定植方法

定植宜选择在晴天下午或阴天进行。按株行距开穴,植入幼苗。定植时强调浅栽,以根颈部与畦面相平或稍高于畦面为宜。注意尽可能保护根坨完整,以充分发挥其早生快发的优势。定植后及时浇透定根水。

五、田间管理

(一)水肥管理

在施足底肥的基础上,根据不同的生育时期,结合浇水适时、适量追肥,做到轻施苗肥,稳施花蕾肥,重施果肥。定植后7~10天,可轻施一次提苗肥,以氮肥为主,不宜过多。每亩施尿素5千克、氮磷钾复合肥5千克。因施肥量较轻,可采取对水浇灌。进入初果期,重施挂果肥1次,以氮磷钾复合肥为主,每亩一次性施入氮磷钾复合肥30~40千克,宜采用深埋,即挖穴深施。盛果期及时追施2~3次壮果肥,以氮磷钾复合肥与钾肥为主，每亩施氮磷钾复合肥 15 千克或氮磷钾复合肥 10 千克加钾肥 5 千克。采取对水浇施或结合灌水沟施。此外，在辣椒生产过程中，结合喷药，选用叶面肥料追施，且根据需要交替使用。

（二）植株调整

一般采用 4 条主枝整枝法。首先，抹去门椒以下的所有侧枝，在第三层果实处发生的 2 条分枝，当其中 1 条弱枝现蕾后，留下花蕾和节上的叶，掐去刚发生的 2 条分枝。另 1 条强枝出现第四层花蕾和分枝时，则留强枝和花蕾，于第一节处掐去弱枝，以后每层花蕾和分枝后，都在第一节处掐去弱枝。这样能使坐果数比放任生长增加近 20%，而且单果重也增加 15%左右，产量提高 30%以上。

对于越夏连秋栽培的辣椒，一般在当地初霜或拉秧前 15～20 天打掉所有枝杈的顶尖，可除去顶端优势，使上部小果实迅速长大，达到商品采收标准。值得注意的是，摘心不宜过早，以免影响产量。

（三）中耕除草

地膜覆盖后，土壤表层温度可达到 40～50℃，大部分杂草生长受到抑制。在定植初期，对畦沟进行 2～3 次中耕，注意保护地膜培土，同时严密封闭定植孔，避免透风（彩图 6-2）。

六、适时采收

采收要及时，特别是门椒、对椒，早采既可增加收入，又能减少同上层果实争夺养分及坠秧，影响植株生长和上部开花坐果，特别是在植株生长较弱或本身生长势较弱的品种，更要及时采收门椒和对椒。对于长势弱的植株，宜早采、重采；对长势较强的品种，或当植株生长较旺时，应适量晚采、轻采，以调节营养生长与生殖生长的平衡，维持正常生长开花结果，缓和采收量波动幅度，避免周期性结果现象产生。特别是发生徒长的植株，更要晚收果、收大果，通过"以果压枝"的措施控制植株生长。采摘宜在早晚进行，中午因水分蒸发多，果柄不易脱落，容易伤棵。摘时应抓住果实成 90°往上掰开果柄与枝条的连接，不可左右翻动植株。最忌在雨天采果，更不能在采收后立即包装，以防止果实腐烂。

第二节　夏秋茬露地辣椒栽培

一、选用良种

夏秋茬露地辣椒生产的时间是在炎热多雨的三伏天，高温多雨不仅不利于辣椒生长，而且也会发生多种病虫害，因此必须选用耐热、耐湿、抗病毒病能力强的中、晚熟品种。如果需要远途运输，还必须选用与销往地消费习惯相一致的耐贮运的优良品种。目前认为比较好的品种有中椒 105、中椒 106、湘研 809、京辣 8 号、辣优 12 号、好农 8 号等。

二、培育壮苗

（一）育苗时间

夏秋辣椒栽培，根据前茬作物的腾茬时间和品种的熟性等，掌握适宜的播种育苗时间，通常在 3 月中下旬播种，与小麦套种一般于 4 月上旬播种。

（二）育苗方法

夏秋辣椒一般用阳畦或小拱棚等设施育苗，采用穴盘育苗，育苗基质选用商品辣椒基质。选晴天上午播种，播种前浇足底水，水渗下后撒播或点播，播后覆盖厚 1 厘米左右细土。出苗前保持昼温 25～30℃，夜温 15℃～18℃，温度过高时覆盖草苫遮光降温，夜间覆盖草苫保温。出苗后，白天温度控制 20℃～25℃，晚上 14℃～16℃，超过 28℃ 及时放风，防止徒长。定植前 7～10 天开始低温炼苗。采用喷灌方式浇水，保持育苗基质湿润但不积水，土壤相对持水量 60%～70%。幼苗出土后，苗床应尽可能增加光照时间。

三、定植前准备

(一) 茬口安排

夏秋茬露地辣椒栽培，在粮作产区，适宜与玉米、小麦、大豆、高粱套作或间作栽培（彩图 6-3），在蔬菜产区，适宜与葱蒜类轮作或与西瓜、甜瓜间作。

(二) 施足基肥

结合整地，每亩施优质腐熟厩肥 3 000～3 500 千克、氮磷钾复合肥（15-15-15）50 千克。有机肥一半撒施，一半沟施，化肥全部沟施，深翻入土。

(三) 整地作畦

定植前 15 天整地，露地辣椒夏秋茬栽培，雨水较多，容易发生涝害与土传性病害。深翻土地后，起垄或作成小高畦，以利于排水防涝。土地耕翻 25～30 厘米，耙平后作垄，垄高 20～30 厘米。

四、定植

(一) 适时定植

夏秋茬露地辣椒栽培通常在 6 月上、中旬定植。

（二）合理密植

合理密植，有利于早封垄、降低地温、保持地面湿润，为辣椒创造一个有利的生长环境条件，防止日烧病发生。一般采用大小行种植，大行距 60～70 厘米，小行距 40～50 厘米，株距 30～35 厘米，每亩定植 4 000 穴左右，每穴单株或双株（彩图 6 - 4）。

（三）定植方法

选阴天或晴天傍晚定植，尽量减少秧苗打蔫。定植前 1 天给苗床浇水，起苗尽量多带宿根土，运苗时应避免散坨，尽量减少伤根。定植时，按株距在垄面上挖穴，每穴双株，覆土与子叶持平，要随栽、随覆土、随浇水。

五、田间管理

（一）追肥管理

露地辣椒棵大、分枝多，植株生长旺盛时才结果多，产量高，因此，夏秋茬辣椒定植后，一定要科学试用肥水，适时促进茎叶迅速生长，及早搭建起丰产架子。

缓苗后要立即进行一次追肥浇水，每亩追用腐熟人粪尿1 500千克或尿素 15 千克，顺水冲施。门椒坐果后，为了促果又促秧，需要每亩再冲施人粪尿 2 500 千克或尿素 25 千克。结果盛期还要再追肥 1～2 次，防止植株早衰。

（二）浇水管理

除了追肥浇水外，在整个辣椒生长期间，开花结果前要适当控制浇水，做到地面有湿有干；开花结果后要适时浇水，保持地面湿润。7～8 月份温度高，浇水要在早、晚进行，降低地温，控制病毒病发生、蔓延。连阴雨天暴晴后，应当及时浇小水。

（三）排水防涝

遇有降雨较多时，要做到及时排水，避免田间发生积水。田间积水后，土壤容易缺氧，会影响根系的生理活动，植株叶色发黄，甚至死株。需要及时锄地放墒，增加土壤气体交换，同时给植株喷洒磷酸二氢钾，以提高植株的抗逆性。

（四）保花保果

门椒、对椒开花结果时正值高温多雨季节，很容易落花落果，因此当有 30% 的植株开花时，就要用防落素 20～30 毫克/千克液喷花或涂抹花，每 3～5 天处理 1 次。要防止药液飞溅到幼嫩茎叶上，天气冷凉后不再用药处理。花期喷磷酸二氢钾 500 倍液，也有较好的保花保果作用。

六、适时采收

果实充分膨大、果实表面具有一定光泽时，即可采收。露地栽培，植株生长势相对较弱，门椒、对椒应适时早采，避免采收过晚坠棵，以利于植株持续生长和开花坐果，从而达到高产、高效的目的。

第三节 南菜北运露地辣椒栽培

一、适用品种

南菜北运露地辣椒主要在海南、广东、广西等地生产，要求品种综合抗病性强、产量高、品质优、抗逆性能好、耐贮运，并符合销售地区的消费习惯，主要品种有苏椒 16 号、苏椒 5 号（博士王）、中椒 105、世纪星、大果 99、京甜 3 号、国禧 109、

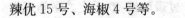

辣优 15 号、海椒 4 号等。

二、培育壮苗

（一）育苗时间

根据播种与收获的时间，可分为秋种冬收和冬种春收两种种植方式，播种育苗时间主要根据当地水稻腾茬时间推算确定。秋种冬收通常在 9 月中旬前后播种育苗，日历苗龄 30 天左右，幼苗具有 7～8 片真叶；冬种春收通常在 10 月上旬前后播种育苗，日历苗龄 40 天左右。

（二）育苗方法

选择背风向阳、地势高燥、土质肥沃、近 2～3 年没有种植过茄科作物的地块建设苗床，为防止雨水冲刷苗床，可采用小棚作为育苗设施。采用穴盘育苗一次性成苗方法。播种后，均匀筛撒基质覆盖种子，覆土厚度 0.8 厘米，畦面覆盖地膜保湿。当种子开始拱土时，及时将苗床表面地膜撤除，以防高温伤苗。齐苗后，再撤除棚膜使幼苗充分见光；下雨前及时盖上小棚膜避雨。

三、定植前准备

（一）茬口安排

为防止连作障碍，与当地的水稻轮作，秋种冬收主要与早熟水稻轮作，供应期在冬季，冬种春收与中晚熟水稻轮作，供应期在春季。选择土质肥沃、灌溉良好的地块。

（二）施足基肥

每亩施用充分腐熟有机肥 3 000～4 000 千克、腐熟饼肥

150～200 千克、复合肥 40 千克、过磷酸钙 40 千克，撒施或沟施，结合整地，充分深翻、耙匀。

(三) 整地作畦

前茬收获后，及时整地作畦。通常采用高畦栽培。对于排水良好的坡地或高坎平地，可采用宽畦栽培，畦宽 150～200 厘米，畦高 30～35 厘米，沟宽 40 厘米；对于水稻地或低洼平地，可采用窄畦栽培，畦宽 80～120 厘米，沟宽 40 厘米。畦面耙平后，选择黑色地膜，在晴朗无风天气铺膜，四周用土块封严盖实。

四、定植

(一) 适时定植

前期收获腾茬后，当幼苗 7～8 片叶达到壮苗标准时即可定植。秋种冬收通常在 10 月中旬定植，冬种春收通常在 11 月中旬定植。

(二) 合理密植

宽畦一般可种植 4 行，窄畦多采用双行种植，平均行距 45～50 厘米，株距 35～40 厘米，每亩可种植 2 800～3 500 穴。

(三) 定植方法

定植宜选择在晴天下午或阴天进行。小心取苗，保持根系完整，有利于缩短缓苗时间，提高定植成活率。定植后及时浇透定根水。

五、田间管理

(一) 水分管理

定植后 5～7 天，保湿，促进植株缓苗。当幼苗有新叶长出，表明幼苗已经活棵，此时，田间的水分以干干湿湿为主。一般来说，在门椒坐果之前，以浇水为主，门椒坐果以后，可在下午灌水。在辣椒未封行之前，土壤水分蒸发量较大，要做到小水勤灌，辣椒封行以后，土壤水分蒸发量相对减少，可根据墒情灌溉。水分管理要根据天气、地温、病虫害等情况灵活掌握，做到适时、适度。前期浇水，可结合追肥进行，也可结合灌药进行。

（二）肥料管理

缓苗后至开花前，结合浇水，轻施 1～2 次苗肥，以少量复合肥为宜，每亩追施复合肥 5～10 千克。开化坐果期，为促进辣椒植株分枝、开花、坐果，增施钾肥、硼肥，每亩施入复合肥 15～25 千克、钾肥 5 千克、硼肥 2 千克。进入结果盛期，植株生长需要充足的营养，施肥种类则以氮磷钾复合肥为主，适量增加钾肥。施肥时注意田间土壤含水量不能过大，穴施为主。应用肥水一体化滴灌技术，可定点定量供给植株生长发育需要的水分与营养，极大地提高了水肥利用效率，节约水资源，劳动生产率显著提高。

（三）中耕除草

地膜覆盖栽培抑制了畦面杂草生长，只需要在封垄前清除沟间的杂草。对于无地膜覆盖栽培的，由于浇水、施肥、降雨等因素，易造成土壤板结，墒情破坏，应及时中耕培土，促进植株生长健壮、抗病抗逆性增强。中耕的深度和范围以不损伤根系为准。培土时，尽量从沟中取土，培两侧及根基部的土壤。中耕、培土、除草可同时进行。

六、适时采收

当辣椒商品果成熟时，根据市场行情及时分批采收上市，保证植株持续坐果，促进后期果实膨大，提高果实的商品品质，争取最大的经济效益。

第四节　露地干辣椒栽培

一、适用品种

干辣椒的品种较多，在传统干辣椒产区都有优良的品种，如望都辣椒、鸡泽辣椒、辉县线辣椒、香妃、湘辣 10 号、国福 403、红安 6 号、8819 线椒、干椒 3 号、辛香 8 号、辛香 19 号、神州红月、黔辣 5 号等。

二、培育壮苗

（一）育苗时间

干辣椒的日历苗龄 60～70 天，播种期需根据上茬作物腾茬的早晚而定。有的地方将辣椒套栽在小麦行间，小麦与辣椒的共生期一般控制在 15 天左右。

（二）育苗方法

传统的干辣椒栽培多采用直播方法，往往产量低且不稳定。育苗栽培有利于干辣椒高产高效栽培，通常采用阳畦育苗或塑料棚育苗。

三、定植前准备

（一）茬口安排

干辣椒宜选择与玉米、小麦、大豆、高粱等大田作物或与葱蒜类蔬菜轮作，也可与玉米、花生、西瓜、甜瓜等作物进行间

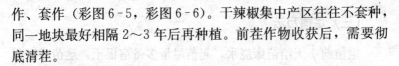

作、套作（彩图 6-5，彩图 6-6）。干辣椒集中产区往往不套种，同一地块最好相隔 2～3 年后再种植。前茬作物收获后，需要彻底清茬。

（二）施足基肥

结合整地，每亩施用优质土杂肥 3 000 千克、腐熟饼肥 100 千克、过磷酸钙 50 千克、硫酸钾 10 千克。与其他作物套种时，要结合清茬施入底肥。

（三）整地作畦

1. 平畦： 北方地区少雨，多采用平畦栽培，南北走向，畦宽 1.2～1.5 米。

2. 高畦： 南方多雨地区，多采用高畦栽培，畦高 15～20 厘米，窄畦面宽 70～80 厘米，宽畦面宽 140～160 厘米，畦间沟宽 30～40 厘米，每畦栽 2 行或 4 行。

3. 高垄： 垄距 50～60 厘米，垄高 20～30 厘米，每垄栽 2 行。

四、定植

（一）适时定植

在日平均气温达到 19℃、5 厘米地温稳定到 15℃ 以上时，适时定植。

（二）合理密植

根据品种特性、土壤肥力、气候环境等选择合适的栽培密度。干辣椒品种的株型较小，特别是朝天椒植株直立，株型紧凑，更需合理密植。肥力好的地块每亩定植 6 000～8 000 株，肥力条件差的地块每亩定植 5 000～6 000 穴，每穴 2 株。

（三）定植方法

定植前 1 天给苗床浇水，起苗尽量多带宿根土，运苗时应避免散坨，尽量减少伤根。定植时，按株距在垄面上挖穴，每穴双株，覆土与子叶持平，要随栽、随覆土、随浇水。

五、田间管理

（一）水分管理

定植缓苗后，每 5～7 天浇 1 次水，保持地表土壤有干有湿。植株封垄后，田间郁闭，地面蒸发量小，可 7～10 天浇 1 次水，保持地皮湿润即可。进入雨季后，根据天气预报浇水，防止浇后遭雨、田间积水。雨后要随时排除田间积水。进入红果期要减少或停止浇水，防止贪青，促进果实正常转红，减少烂果。

（二）追肥管理

干辣椒定植后，天气炎热，一般不搞蹲苗，力求在炎夏多雨到来之前发起棵，封严垄，搭起丰产架子，创造一个有利于丰产的群体结构和田间小气候条件。结果前要结合浇水追 1 次肥，每亩冲入人粪尿 1 500 千克或尿素 15 千克。门椒和对椒坐住后再进行第二次追肥，每亩追用氮磷钾复合肥 25 千克。侧枝大量坐果后进行第三次追肥。后期要控制追肥，对于红椒栽培，要控制氮肥用量，以免影响果实正常转红。

（三）中耕培土

浇过缓苗水地皮发干后，要及时中耕松土，促进根系发育。以后浇水和遇雨后都要及时中耕，破除土壤板结，直到封垄后再不中耕了。整个期间大约需要中耕 3～5 次，结合中耕要分次向

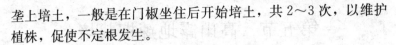

垄上培土，一般是在门椒坐住后开始培土，共 2~3 次，以维护
植株，促使不定根发生。

(四) 整枝打杈

无限分枝的干辣椒，植株整枝同菜椒一样。有限生长型的朝
天椒如三鹰椒，一般有 12~13 个有效侧枝。处于上层的侧枝光
照条件好，又有顶端优势，表现生长健壮，坐果率可高达 60%
以上，下部坐果率只有 20%~30%，宜尽早摘除，一般每株留
上部 8~10 个侧枝。副枝坐果率更低，应避免发生。

对朝天椒这一类型的品种是否需要打顶，目前还有争论。一
些地方在主干长有 15 片叶左右初现蕾时，摘除主干的顶心，以
促进侧枝发展，延长结果，增大单株营养面积，有利于提高产
量。但也有人认为，朝天椒到时会自行封顶，人工打顶没有必
要。打去主干顶心还会影响第一批辣椒的上市时间，会减少农民
收入，因此不主张打顶。种植者可根据品种特性和种植习惯
确定。

六、适时采收

采收青椒必然要影响干辣椒的产量。干辣椒必须等到果实完
全红熟但没有干缩变软时采收。没有完全变红时采收的果实，晾
干后果皮会发黄、发青，影响外观质量。成熟的辣椒要成熟一批
采收一批，一般每亩可采收干辣椒 200~250 千克。

采收的果实要及时晾晒，防止发生霉变。晴天采后最好放到
干草帘上晾晒，一般是昼晒夜收。晾晒 5~6 天，再放到架起的
草帘上晾晒 1 天，以达到充分干燥，含水量在 14% 以下。为了
提高经济效益，按照干辣椒收购标准，分拣优劣产品，上市销售
(彩图 6-7)。

第五节 高山露地辣椒栽培

一、选用良种

高海拔山区（400~1 000 米）入春入夏迟，入秋入冬早，辣椒生长、采收期均短，应选耐寒、耐热、耐湿或耐旱、抗病抗逆、优质丰产、易坐果、连续结果能力强、采收期长、耐长途运输的中早熟品种，如苏椒 5 号（博士王）、中椒 106、京辣 8 号、兴蔬 5 号、渝椒 6 号、洛椒 98A、种都 4 号、新汴椒 1 号等。

二、培育壮苗

（一）育苗时间

生理苗龄的大小应在定植时大部分植株现蕾为好。高山辣椒栽培，一般辣椒日历苗龄为 40 天。不同地区的播种期因为当地气候、育苗设施的差异而不同。高山辣椒一般在 2 下旬至 3 月上旬播种育苗。

（二）育苗方法

1. 育苗设施

选择地势高燥、排水良好的大棚建设苗床。选用 72 穴或 128 穴的标准穴盘；因地制宜自配育苗基质，或选用辣椒育苗专用基质。播种后，覆盖地膜、无纺布等保温保湿。

2. 苗期管理

（1）出苗前保温保湿，有 40% 的种子发芽出土后揭去紧贴床面的地膜，有 75% 的幼苗出土后，揭开小拱棚膜通风，降低湿度，晚上盖膜防止霜冻。

（2）出苗期保持夜温 18～20℃、白天气温不超过 30℃，出苗后白天 20～25℃、夜间 18℃。

（3）苗床以偏干为好，床土干燥时选择晴天中午浇水，阴天和雨天不浇水。

（4）视幼苗长势，选用叶面肥或速效肥，追肥 1～2 次。

（5）注意苗期猝倒病和立枯病防治。

（6）移栽前 1 周逐步揭去覆盖物，进行炼苗，以适应露地环境。

三、定植前准备

（一）茬口安排

定植前 20～30 天，必须清茬，前茬作物的病残体要全部清除出田，深耕晒垡。

（二）施足基肥

每亩施入有机肥 2 500～3 000 千克，同时施入过磷酸钙50～100 千克、腐熟饼肥 75～150 千克或施入氮磷钾三元素复合肥 60千克、过磷酸钙 50～60 千克。对酸性过重的土壤，施入生石灰200 千克。

（三）整地作畦

高海拔山区辣椒安全栽培应选择地势高燥、避风向阳、排灌方便、土层深厚（30 厘米以上）、土质疏松肥沃、交通方便的地方，高畦栽培，畦宽 80～90 厘米，沟宽 30～40 厘米，沟深20～30 厘米，畦面做成龟背形。覆盖地膜有利于保温、保湿。整平垄面后，再扣上地膜，两侧覆土压实。覆盖地膜不仅可提高地温，而且可有效控制地表水分蒸发。

四、定植

(一)适时定植

高山辣椒多于 5 月底至 6 月初将辣椒定植到大田。

(二)合理密植

高山气温低、植株矮小，可适当密植，中早熟品种可按株距
25～30 厘米的密度栽植，每亩栽苗 3 500～4 500 穴；中熟品种，
定植的株距适当加大，株距 40 厘米，每亩栽苗 3 000 穴左右。

(三)定植方法

定植宜选择在晴天下午或阴天进行。按株行距开穴，植入幼
苗。定植时宜浅栽，以根颈部与畦面相平或稍高于畦面为宜。注
意尽可能保护根坨完整，以充分发挥其早生快发的优势。定植后
及时浇透定根水。

五、田间管理

(一)水肥管理

移栽后 10～15 天，结合第一次中耕追施 1 次提苗肥。为了
促进辣椒多分枝、多结果，遇降水后，结合第二次中耕除草，亩
追施尿素 10～15 千克，不要随意加大施用量，以保证植株均衡
生长（彩图 6-8）。

在盛花盛果期叶面喷施 3～4 次 0.2%磷酸二氢钾和硼砂溶
液，以夺取高山辣椒优质、高产。及时做好田间排灌工作，浇水
应在晴天中午进行，一次浇透，余水立即排干，尽量保持畦面见
干见湿。浇水深度以沟深的 1/3～1/2 为宜。浇水切忌用山间的
冷泉水，否则将造成大量植株枯死。

（二）中耕除草

结合追肥，第一次中耕在定植后 10～15 天进行，中耕深度 7 厘米左右；15～20 天后进行第二次中耕、除草、培土，中耕深度 10 厘米左右；在门椒坐住后，进行第三次中耕、除草、培土起垄，培土高度根据土壤肥力情况、植株长势而定，土壤肥力高、植株长势旺的地块宜采用高垄，一般垄高 15～20 厘米。

六、适时采收

高山辣椒主要以采收红椒为主，当果实变红、发亮时即可采收。为了获得好的经济效益和提高单产，前几批果以采收青椒为主，这样可以填补市场，获得较好的经济效益。在生长中后期，注意选择充分膨大、果肉厚且坚硬、果色深绿或深红的果实采收，增强果实耐贮运性能，以获得较好的经济效益。

第七章

辣椒病虫害防治

第一节　辣椒生理性病害

一、辣椒落花落果

1. 主要症状

前期有的先是花蕾脱落，有的是落花（彩图 7 - 1），有的是果梗与花蕾连接处变成铁锈色后落蕾或落花（彩图 7 - 2），有的果梗变黄后逐个脱落；有的在生长中后期落叶，使生产遭受严重损失。造成辣椒落花落果的原因是多方面的，高温、低温、干旱、缺肥、徒长、病害、虫害等都可能引起。

2. 防治方法

冬春季栽培，选用耐低温、耐弱旋光性强的辣椒品种；夏秋季栽培，选用耐高温的辣椒品种。保持辣椒适宜生长温度，设施栽培时，冬春季生产保持气温在 15℃和土温在 18℃以上，夏秋季生产注意降温，气温不要超过 30℃。加强肥水管理，防止土壤干旱，防止田间积水，注意防止偏氮肥，保持均衡充足的营养供应，保持辣椒植株营养生长与生殖生长的平衡，促进果实的持续膨大。注意病虫害防治，密切注意病毒病、炭疽病、叶斑病、茶黄螨、烟青虫等病虫害发生，在发生初期采取防治措施。在加强农业措施的同时，可适当采用生长调节剂保花促果，其中防落素的效果较好，可选用 1‰防落素 30～50 毫克/升溶液，通常每隔 10～15 天喷花 1 次。

二、低温冷害与冻害

1. 主要症状

冷害与冻害主要由于过低的温度对辣椒造成生长障碍，在苗期与成株期均可能发生。遇有轻微低温时，出现叶绿素减少或在近叶柄处产生黄色花斑，病株生长缓慢，产生低温冷害。遇有冰点以下的较低温度，叶尖和叶缘出现水渍状斑块，叶组织变成褐色或深褐色，后呈现青枯状，常导致落花、落叶和落果（彩图 7-3）。果实遇 0～2℃也能发生冻害，0℃持续 12 天，果面出现灰褐色，大片无光泽、凹陷，似开水烫过，萼片萎缩，褪色或腐烂。

2. 防治方法

选用耐低温、耐弱旋光性好的品种。苗期注意水肥管理，避免幼苗徒长，适当蹲苗，定植前低温炼苗，培育优质壮苗。冬春季育苗时，选用保温性能良好的塑料大棚或日光温室，采取电热温床育苗可有效避免苗期低温伤害。定植的棚室采用保温的覆盖材料，严寒时采用双层膜或三层膜覆盖。苗床和定植地要采用分层施肥法，施用充分腐熟的有机肥，以保持土壤疏松和提高地温。加强肥水管理，注意氮、磷、钾肥合理配比使用，保持辣椒植株营养生长与生殖生长平衡，提高辣椒植株抵御低温伤害的能力。

三、辣椒僵果

1. 主要症状

又称石果、单性果或雌性果。主要发生在花蕾和果实上，受到低温寒流侵袭后，授粉受精不良，花呈浅绿色、变小，花蕾坚硬。果实畸形、不膨大、皱缩、僵硬，果实小、生长缓慢，无商品价值。

2. 防治方法

选用耐寒性强的品种，低温弱光照条件下能正常开花坐果。控制棚室白天温度 25～30℃，夜间温度 15～18℃，地温 17～26℃。植株进入开花结果期，适时适度浇水，保持适宜的土壤湿度。

四、辣椒高温危害

1. 主要症状

塑料大棚或温室栽培甜、辣椒，常发生高温危害。叶片受害，开始时褪绿，形成不规则形斑块或叶缘呈漂白状，之后变黄色。伤害轻的叶片边缘呈烧伤状，伤害重的波及半叶或整个叶片，叶片最终呈永久性萎蔫或干枯。

2. 防治方法

选用耐热性好的优良品种。阳光照射强烈时，可部分遮阳，或使用遮阳网全部遮阳，防止棚内温度过高。对于抗高温能力弱的辣椒品种，可适度合理密植遮阳降温，露地栽培可与玉米等高秆作物间作。加强田间管理，注意水、肥均衡供应，适时适度浇水，保持适宜的土壤湿度。

五、辣椒日灼病

1. 主要症状

是由阳光直接照射引起的一种生理性病害，主要发生在果实上，特别是大果型的甜椒果实易发生日灼病。果实被强烈阳光照射后，出现白色圆形或近圆形小斑，经多日阳光晒烤后，果皮变薄，呈白色革质状，日灼斑不断扩大，有时破裂，或因腐生病菌感染而长出黑色或粉色霉层，有时软化腐烂（彩图 7 - 4）。

2. 防治方法

合理密植，栽植密度不能过于稀疏，避免植株生长到高温季节仍不能封垄，使果实暴露在强烈的阳光之下。可采取一穴双株方式，使叶片互相遮光避免果实暴露在阳光下。在阳光强烈地区或季节，与玉米、豇豆等高秆作物间作，利用高棵植物给辣椒遮阳避光。在高温季节的中午前后，覆盖棚膜或遮阳网，避免阳光直射。加强肥水管理，施用过磷酸钙作底肥，防止土壤干旱，促进植株枝叶繁茂。及时防治病毒病、炭疽病、细菌性疮痂病、红蜘蛛等病虫害，防止植株受害而早期落叶，减少果实日灼病发生。

六、辣椒脐腐病

1. 主要症状

辣椒脐腐病在果实脐部附近发生。果实表皮发黑，逐渐成水浸状病斑，病斑中部呈革质化，扁平状（彩图 7-5）。有的果实在病健交界处开始变红，提前成熟。土壤酸化尤其是沙性较大的土壤，供钙不足，均会引进辣椒脐腐病发生。土壤干旱、空气干燥、连续高温、水分供应失调时，容易出现大量的脐腐果。

2. 防治方法

加强田间管理，保证水肥均衡供应，特别在初夏温度急剧上升时，注意保持土壤间干间湿，田间浇水宜在早晨或傍晚进行。在果实膨大期增施钙肥，可选用 1% 过磷酸钙浸提液或氯化钙 1 000 倍液、硝酸钙 1 000 倍液，叶面追施。

第二节 辣椒侵染性病害

一、辣椒猝倒病

1. 主要症状

主要在苗期发病，辣椒幼苗被害后，茎基部出现水浸状淡黄绿色病斑，很快变成黄褐色，并缢缩呈线状，病情迅速发展，有时子叶还未凋落，幼苗便倒伏。倒伏的幼苗短期内仍为绿色，湿度大时病株附近长出白色棉絮状菌丝，可区别于立枯病。发病严重时，受病菌侵染，可造成胚轴和子叶变褐腐烂，种子不能萌发，幼苗不能出土（彩图 7 - 6）。

2. 发病规律

猝倒病是由腐霉菌侵染引起的真菌性病害。病原菌生长的适宜地温是 16℃，温度高于 30℃受到抑制。苗期出现低温、高湿时易发病。猝倒病菌可在土壤中或病残体上腐生，并存活多年，可通过流水、农具和带菌肥料传播。辣椒子叶期最易发病。苗床最易积水或棚顶滴水处常最先发病，幼苗具 3 片真叶后发病较少。

3. 防治方法

（1）农业措施：选用耐病的优良品种。对种子进行消毒灭菌处理。选择地势高燥、避风向阳、排水良好、土质疏松而肥沃的无病地块做苗床。施用的农家肥应充分腐熟，以防病菌带入苗床。出现病株时，尽快清除病苗以及病株周围的病土，烧毁病株。

（2）药剂防治：发病初期，选用 58％甲霜·锰锌可湿性粉剂 600 倍液或 25％甲霜灵可湿性粉剂 800 倍液、72.2％霜霉威盐酸盐水剂 400 倍液、64％恶霜·锰锌可湿性粉剂 500 倍液、25％琥铜·甲霜灵可湿性粉剂 1 200 倍液，喷雾，每隔 7～10 天 1 次，视病情防治 1～2 次。使用干细土伴药效果更好。

二、辣椒立枯病

1. 主要症状

多在辣椒子叶期发生，受害幼苗基部产生暗褐色病斑，长形至椭圆形，明显凹陷，病斑横向扩展绕茎 1 周后，病部出现缢

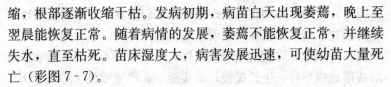

缩，根部逐渐收缩干枯。发病初期，病苗白天出现萎蔫，晚上至
翌晨能恢复正常。随着病情的发展，萎蔫不能恢复正常，并继续
失水，直至枯死。苗床湿度大，病害发展迅速，可使幼苗大量死
亡（彩图 7 - 7）。

2. 发病规律

辣椒立枯病是立枯丝核菌引起的真菌性病害。病菌腐生性
强，一般在土壤中可存活 2～3 年。病原菌以菌丝体在土壤中或
病残体中越冬，随雨水和灌溉水传播，也可由农具和粪肥等携带
传播。低温弱光、播种过密、间苗不及时、通风不良、温度过
高、湿度过大、育苗基质未消毒等容易发病。

3. 防治方法

（1）农业措施：选用抗病、耐病品种。实行轮作倒茬，避免
与辣椒、马铃薯及茄果类蔬菜连作，最好于葱蒜类、水稻等连。
培育壮苗，施足底肥，适时定植，科学管理，加强通风排湿，提
高植株抗性。

（2）药剂防治：①选用 50％多菌灵可湿性粉剂 500 倍液或
50％福美双可湿性粉剂 500 倍液，浸种 2 小时。②选用 50％福
美双可湿性粉剂拌种，用药量为种子质量的 0.4％；也可用 25％
甲霜灵可湿性粉剂拌种，用药量为种子质量的 0.3％。③发病初
期，选用 72.2％霜霉威盐酸盐水剂 600 倍液或 25％甲霜灵可湿
性粉剂 800 倍液、64％恶霜·锰锌可湿性粉剂 500 倍液、25％琥
铜·甲霜灵可湿性粉剂 1 200 倍液、70％甲基硫菌灵可湿性粉剂
800 倍液、25％瑞毒霉可湿性粉剂 700 倍液，喷雾，每隔 7～10
天 1 次，视病情连续防治 2～3 次。

三、辣椒病毒病

1. 主要症状

主要有花叶、黄化、坏死和畸形等 4 种症状。

（1）花叶：轻型花叶表现微明脉和轻微褪色，继而出现浓淡相间的花叶斑纹，植株没见明显矮化，不落叶，也无畸形叶片或果实。重型花叶除表现褪绿斑驳外，叶面凹凸不平，叶脉皱缩畸形或形成线形叶，生长缓慢，果实变小，严重矮化（彩图7-8）。

（2）黄化：病叶明显变黄，出现落叶现象，严重时，大部分叶片黄化落掉，植株停止生长，落花、落果严重。

（3）坏死：病株部分组织变褐色坏死，表现为条斑、顶枯、坏死斑驳及坏斑等症状。此种类型初发病时叶片主脉呈褐色或黑色坏死，沿叶柄扩展到侧枝和主茎及生长点，出现系统坏死条斑，后造成落叶、落花、落果，严重时整株枯死。

（4）畸形：叶片畸形或丛簇型，开始时植株心叶叶脉褪绿，逐渐形成深浅不均的斑驳、叶面皱缩，病叶增厚，产生黄绿相间的斑驳或大型黄褐色坏死斑，叶缘向上卷曲。幼叶狭窄、严重时呈线状，后期植株上部节间短缩呈丛簇状（彩图7-9）。

2. 发病规律

我国辣椒病毒病的病原主要为烟草花叶病毒（TMV）、黄瓜花叶病毒（CMV）、马铃薯Y病毒（PVY）、烟草蚀纹病毒（TEV）等。病毒可在其他寄主作物或病残体及种子上越冬，第二年主要通过蚜虫，经茎、枝、叶表层伤口侵入。在田间作业中如整枝、摘叶、摘果等人为造成的汁液接触，都可传播。在气温20℃以上、高温干旱、蚜虫多、重茬地、定植偏晚等情况下，辣椒病毒病发生严重。施用过量氮肥，植株组织柔嫩，较易感病。凡在有利于蚜虫生长繁殖的条件下病毒病较重。

3. 防治方法

（1）农业措施：在生产中，通过促进植株健壮生长，可有效减轻病毒病对辣椒植株的危害。选用抗病或耐病的品种。实行间作，与高粱、玉米等高秆作物间作，能减轻病毒病发生。培育壮苗，施足底肥，适时定植，科学管理，提高植株抗性。注意农事操作时的接触传染。

（2）注意防治蚜虫：蚜虫是辣椒病毒病的主要传播媒介，所以也是防治的重点。在苗期或成株期，铺挂银灰色膜驱避蚜虫，在田间悬挂黄色板诱杀，利用防虫网密闭通风口阻隔蚜虫入侵，从而减少蚜虫传播病毒的概率。

（3）药剂防治：①播种前，选用10％磷酸三钠溶液浸种20～30分钟，或用高锰酸钾200倍液浸种60分钟，也可用福尔马林200倍液浸种1小时，或用干热法（充分晒干后，72℃处理72小时）消毒。②在发病初期，选用0.5％菇类蛋白多糖水剂400倍液或10％混合脂肪酸水剂100倍液、5％菌毒清水剂200～300倍液、1.5％烷醇・硫酸铜水乳剂1 000倍液、20％吗呱・乙酸铜可湿性粉剂500倍液，喷雾，每隔7～10天1次，视病情防治3～4次。

四、辣椒疫病

1. 主要症状

辣椒苗期、成株期均可受疫病危害，茎、叶和果实都能发病。苗期发病，茎基部呈暗绿色水浸状软腐状（彩图7－10）。有的茎基部呈黑褐色，幼苗枯萎而死。成株发病，先在植株的分权处出现暗绿色病斑，并向上或绕茎一周迅速扩展，变成暗绿色至黑褐色，若一侧发病，则发病一侧枝叶萎蔫，若病斑绕主茎一周发病，则全株叶片自下而上萎蔫脱落，最后病斑以上枝条枯死。叶片受害时，病斑圆形或近圆形，直径2～3厘米，病斑边缘黄绿色，中央暗褐色，发病迅速，叶片转黑褐色，枯缩脱落；果实发病时，多从蒂部开始，形成暗绿色水浸状不规则形病斑，边缘不明显，很快扩展遍及全果，颜色加重，呈暗绿色至暗褐色，甚至果肉和种子也变褐色，潮湿时果面长出白色絮状霉层。

2. 发病规律

辣椒疫病是鞭毛菌亚门疫霉属病原真菌所引起的土传病害。

病菌主要以卵孢子及厚垣孢子在病残体上或土壤及种子上越冬，第二年侵入寄主，其中以土壤残体带菌率最高，卵孢子是初次侵染的主要来源。越冬后气温升高，卵孢子随降雨的水滴、灌溉水、带病菌土侵入辣椒幼根或根茎部，并在寄主上产生孢子，孢子借风雨传播，进行再侵染，致使病害流行。平均气温22～28℃，田间湿度高于85％时发病率高，病情发展快。重茬连作、低洼积水、土壤黏重、排灌不畅的田块发病加重。降雨次数多、降雨量大、大雨过后天气突然转晴、气温急剧上升或炎热天气灌水，均会引起疫病迅速蔓延。一般情况下，一株植株从发病到枯死仅3～5天，果实从发生病斑到腐烂仅2～3天。

3. 防治方法

（1）农业措施：选用抗病、耐病的优良品种。对种子进行消毒灭菌处理。实行轮作倒茬，避免与辣椒、马铃薯及茄果类蔬菜连作，最好是水旱轮作，也可与叶菜类、葱蒜类、根菜类以及十字花科类等蔬菜作物连作3年以上。培育壮苗，施足底肥，适时定植，科学管理，加强通风排湿，改善田间通风透光条件，提高植株抗性。

（2）药剂防治：发病初期，选用60％琥铜·乙膦铝可湿性粉剂500倍液或78％波尔·锰锌可湿性粉剂500倍液、58％甲霜·锰锌可湿性粉剂400～500倍液、64％恶霜·锰锌可湿性粉剂500倍液、80％三乙膦酸铝可湿性粉剂400倍液、25％甲霜灵可湿性粉剂600～700倍液、75％百菌清可湿性粉剂600倍液、72.2％霜霉威盐酸盐水剂700～800倍液，喷淋植株根部，每隔7～10天1次，视病情防治2～3次。

五、辣椒灰霉病

1. 主要症状

在育苗后期引起烂叶、烂茎、死苗，在保护地中还可以危害成株、花、果等。幼苗染病，子叶先端变黄，后扩展到幼茎，致茎缢缩变细，由病部折断而枯死。叶片染病，病叶表面产生大量的灰褐色霉层，真叶叶片上的病斑呈 V 形，并有浅褐色的同心轮纹。成株期染病，茎部先发病，茎上初生水浸状不规则斑，后病斑变灰白色或褐色，并绕茎一周发展，使病部以上枝条萎蔫枯死，病部表面生灰白色霉状物。后期在被害的果、花托、果柄上也长出灰色霉状物。

2. 发病规律

灰霉病病菌生长适温 20～23℃，大棚栽培在 12 月至翌年 5 月危害，冬春低温，多阴雨天气，棚内相对湿度 90％以上，灰霉病发生早且病情严重，排水不良、偏施氮肥田块易发病。

3. 防治方法

（1）农业措施：选用耐病的优良品种。实行轮作倒茬，避免与辣椒、马铃薯及茄果类蔬菜连作，最好能与葱蒜类、水稻等轮作。培育壮苗，施足底肥，适时定植，科学管理，加强通风排湿，提高植株抗性。

（2）药剂防治：①播种前，可用 50％多菌灵可湿性粉剂 500 倍液浸种 2 小时，也可选用 50％多菌灵可湿性粉剂或 50％福美双可湿性粉剂拌种，药剂与种子比例 1∶250。②发病初期，选用 60％多菌灵盐酸盐可湿性粉剂 600 倍液或 50％腐霉利可湿性粉剂 2 000 倍液、50％异菌脲可湿性粉剂 1 500 倍液，喷雾，每隔 7～10 天 1 次，视病情防治 2～3 次。也可选用 45％百菌清烟剂或 10％腐霉利烟剂，每亩 250～300 克，熏蒸防治。

六、辣椒炭疽病

1. 主要症状

炭疽病主要危害果实、叶片，果梗也可受害。果实被害时，初现水渍状黄褐色圆斑，很快扩大呈圆形或不规则形，凹陷，有稍隆起的同心轮纹，病斑边缘红褐色，中央灰色或灰褐色，同心轮纹上有黑色小点。潮湿时，病斑表面溢出红色黏稠物，被害果实内部组织半软腐，易干缩，致病部呈膜状，有的破裂。叶片染病，初呈水浸状褪色绿斑，后逐渐变为褐色。病斑近圆形，中间灰白色，上有轮生黑色小点粒，病斑扩大后呈不规则形，有同心轮纹，叶片易脱落（彩图 7-11）。

2. 发病规律

病菌可随病残体在土壤中越冬，或附着在种子上越冬，第二年病菌多从寄主的伤口侵入，田间发病后，病斑上产生大量分生孢子，借助风雨、昆虫传播进行重复侵染而加重危害。病原菌的发育温度为 12～33℃，最适温度为 27℃，最适相对湿度 95% 左右，高温高湿有利于该病的发生流行。田间排水不良、种植过密、氮肥过量、通风不好造成田间湿度大或果实受到损伤等，都易诱发此病发生。

3. 防治方法

(1) 农业措施：选用抗病品种。对种子进行消毒灭菌处理。实行轮作倒茬，避免与辣椒、马铃薯及茄果类蔬菜连作，最好能与叶菜类、葱蒜类、根菜类以及十字花科蔬菜、玉米等禾本科作物轮作 3 年以上。培育壮苗，施足底肥，适时定植，膜下滴灌，改善田间通风透光条件，科学管理，提高植株抗性。

(2) 药剂防治：发病初期，选用 78% 波尔·锰锌可湿性粉剂 500 倍液或 70% 代森锰锌可湿性粉剂 400～500 倍液、80% 福·福锌可湿性粉剂 800 倍液、70% 甲基硫菌灵可湿性粉剂 600～800 倍液、75% 百菌清可湿性粉剂 700 倍液、50% 多菌灵可湿性粉剂 600～800 倍液、50% 苯菌灵可湿性粉剂 1 500 倍液，喷雾，每隔 7～10 天 1 次，视病情防治 2～3 次。

七、辣椒白粉病

1. 主要症状

仅危害叶片，老叶、嫩叶均可染病。病叶下面初生褪绿小黄点，后扩展为边缘不明显的褪绿黄色斑驳，病部背面产生白粉状物。严重时病斑密布，终致全叶变黄，病害流行时，白粉迅速增加，覆盖整个叶部，叶片产生离层，大量脱落形成光秆，严重影响产量和品质。

2. 发病规律

白粉病为真菌性病害。病菌孢子在 15～30℃ 内均可萌发和侵染。在温度 20～25℃、湿度 25%～85% 易流行。主要靠风、雨传播。病害发生对湿度要求较低，湿度在 25%～40% 就可侵染发病。高温高湿和高温干旱交替出现时病害最易发生和蔓延。

3. 防治方法

(1) 农业措施：选用抗耐病品种。对种子进行消毒灭菌处理。改良土壤，实行轮作，避免连茬或重茬，尽可能与水稻实行年轮作。培育壮苗，施足底肥，适时定植，科学管理，加强通风排湿，提高植株抗性。

(2) 药剂防治：发病前期或发病初期，选用 70% 甲基硫菌灵可湿性粉剂 1 000 倍液或 50% 多菌灵可湿性粉剂 500 倍液、50% 苯菌灵可湿性粉剂 1 000 倍液、30% 氟菌唑可湿性粉剂 1 500～2 000 倍液、20% 三唑酮乳油 2 000 倍液、40% 氟硅唑乳油 8 000～10 000 倍液，每 5～7 天防治 1 次，连续喷洒 2～3 次。

八、辣椒菌核病

1. 主要症状

菌核病是近年来茄果类蔬菜栽培中的一种主要病害，而且危害比较严重。菌核病在辣椒整个生育期均可发生。苗期发病开始于茎基部，病部初呈浅褐色水渍状，湿度大时，长出白色棉絮状菌丝，呈软腐状，无臭味，干燥后呈灰白色，菌丝体结为菌核，病部缢缩，秧苗枯死。成株期各部位均可发病，先从主茎基部或侧枝 5～20 厘米处开始，初呈淡褐色水浸状病斑，稍凹陷，渐变灰白色，湿度大时也长出白色菌丝，皮层霉烂，在病茎表面及髓部形成黑色菌核，干燥后髓空，病部表皮易破；花蕾及花受害，现水渍状，最后脱落；果柄发病后导致果实脱落；果实发病，开始呈水渍状，后变褐腐，稍凹陷，病斑长出白色菌丝体，后形成菌核（彩图 7-12）。

2. 发病规律

菌核病病原主要以菌核在田间或塑料棚中越冬，当环境温湿度适宜时，菌核萌发，抽出子囊盘即发出子囊孢子，随气流传到寄主上，由伤口及自然孔口侵入。这种发病植株再诱发其他植株发病。该病菌孢子萌发的适宜条件为 16～20℃，空气相对湿度 95%～100%。在温度低而湿度大时发病严重。

3. 防治措施

（1）农业措施：注意栽培地块选择，应选择地势高燥、排水良好的田块育苗和定植；严格轮作；增施磷钾肥，实行深耕，阻止菌核病原。清洁田园，及时剪除病枝、病叶，及时拔除病株，以防病害继续恶化。加强田间管理，包括加强通风透光，开沟排水，降低湿度。

（2）药剂防治：①选用 50% 异菌脲可湿性粉剂拌种，用药量为种子质量的 0.4%～0.5%。②发病初期，选用 50% 甲基硫菌灵可湿性粉剂 500 倍液或 50% 多菌灵可湿性粉剂 500 倍液、50% 腐霉利可湿性粉剂 1 000 倍液、20% 甲基立枯磷乳油 1 000 倍液等，每 5～7 天喷 1 次，连续 2～3 次。③温室或大棚栽培可选用粉尘剂和烟剂，如 10% 腐霉利烟剂（每亩 200～300）、45% 百菌清烟剂（每亩 200～250 克），熏蒸防治，每隔 10 天防治 1

次，连续防治 2~3 次。

九、辣椒根腐病

1. 危害症状

根腐病主要发病部位局限于辣椒根茎及根部，该病一般在成株期发生。初发病时，枝叶萎蔫，渐呈青枯，白天萎蔫，早、晚恢复正常，反复多日后枯死，但叶片不脱落。根茎部及根部皮层呈水渍状、褐腐，维管束虽变褐，但不向茎上部延伸。根很容易拔起，仅剩少数粗根。

2. 发病规律

病菌以厚垣孢子、菌丝体或菌核随病残体在土壤中越冬，翌年初越冬病菌借助雨水等传播，从根茎部、根部伤口侵入，在侵染由病部产生的分生孢子借助雨水传播蔓延。在高温高湿气候条件下容易发生，尤其连续降雨数日后病害症状明显增多。连作栽培、排水不良的地块发病严重。

3. 防治措施

（1）农业措施：与十字花科或葱蒜类等蔬菜轮作 3 年以上；采用深沟高畦栽培；施用充分腐熟的有机肥；及时清沟排水、清除病残体。种子及苗床消毒。

（2）药剂防治：种子用 50％多菌灵可湿性粉剂 500 倍液浸种 1 小时，洗净后催芽或晾干后播种。苗床可用 50％多菌灵可湿性粉剂，每平方米苗床用药 10 克，拌细土撒施。育苗用的营养土在堆制时用 100 倍福尔马林密封堆放，营养土使用前可用 97％恶霉灵可湿性粉剂 3 000~4 000 倍液喷淋。

在发病前、田间出现中心病株后及时用药，选用硫酸链霉素·上霉素可湿性粉剂 4 000~5 000 倍液或 77％氢氧化铜可湿性粉剂 500 倍液、50％琥胶肥酸铜可湿性粉剂 500 倍液、14％络氨铜水剂 300 倍液等，喷淋植株根部，每 7~10 天 1 次，连续

3～4 次。

十、辣椒绵疫病

1. 危害症状

绵疫病在辣椒上主要危害果实，有时茎、叶也可发生。此病在果实发育的整个时期均可发生，但以侵染老熟果实居多。果实被害部位常在蒂部有花瓣粘连处，也有在果实中部、端部。一般近地面处果实先发病。发病初期，病果形成水渍状病斑，病斑不断扩大形成凹陷的黄褐至暗褐色大斑，最后延及整个果实而腐烂。湿度高时，病果会形成茂密的白色菌丝体，叶片受害时形成不整齐的近圆形水浸状斑点；湿度大时病斑发展很快，边缘不清晰，其上有明显的轮纹，幼嫩茎秆受侵染后变褐腐烂，直至缢缩凋萎枯死，潮湿时病部产生白霉。

2. 发病规律

该病的病原菌为卵菌中的一种疫霉，病菌在土壤内的病残组织中越冬，次年卵孢子囊、孢子囊或其生产的游动孢子随风雨和流水传播。病原菌发育温度 8～38℃，以 28～30℃ 为最适；空气相对湿度在 95% 以上时菌丝发育良好，85% 左右时孢子囊形成良好。地势低洼，排水不畅，植株过密均易发生此病。遇高温多雨季节，保护地内闷热高温，病害可严重发生。

3. 防治措施

（1）农业措施：与非茄科作物实行轮作，周期 3～4 年。选用抗病性强的优良品种。选择地势高、排水顺畅的地块种植，合理密植，适当整枝，及时打去老叶，以增加田间通风透光。采用地膜覆盖，减少卵孢子飞溅到果实的机会。

（2）药剂防治：发病初期，可选用 58% 甲霜·锰锌可湿性粉剂 500 倍液或 64% 恶霜·锰锌可湿性粉剂 500 倍液、77% 氢氧化铜可湿性粉剂 500 倍液、60% 琥铜·乙膦铝可湿性粉剂 500

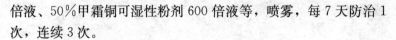

倍液、50％甲霜铜可湿性粉剂 600 倍液等，喷雾，每 7 天防治 1
次，连续 3 次。

十一、辣椒白绢病

1. 危害症状

白绢病发生于辣椒茎基部和根部。初呈水渍状褐色斑，后扩
展绕茎一周，生出白色绢状菌丝体，集结成束向上呈辐射状延
伸，顶端整齐，病健部分界明显，病部以上叶片迅速萎蔫，叶色
变黄，最后根茎部褐腐，全株枯死。后期在根茎部生出白色，后
变茶褐色菜籽状小菌核，高湿时病根部产生稀疏白色菌丝体，扩
展至根际土表也产生褐色小菌核（彩图 7-13，彩图 7-14）。

2. 发病规律

辣椒白绢病由白绢薄膜革菌引起。病菌主要以菌核在土壤中
越冬，也可以菌丝体在病残组织越冬。在适宜环境条件下，菌核
萌发产生菌丝直接从寄主根部或地面茎基部侵入。菌核可随灌溉
水传播。病菌生长温度 8～40℃，适温 28～32℃；相对湿度最佳
为 100％；对酸碱度的适应范围广（pH1.9 ～ 8.4，最适
pH5.9）。在高温、高湿、通气条件下发病严重，酸性沙质土壤
有利该病发生。

3. 防治措施

（1）农业措施：与十字花科或禾本科作物轮作 3～4 年，或
与水生作物轮作一年；定植前深翻土壤，并施生石灰，每亩用量
100～150 千克，翻入土中；使用充分腐熟的有机肥，适当追施
硝酸铵；及时拔除病株，集中深埋或烧毁，并在病株穴内撒生
石灰。

（2）药剂防治：在发病初期，可选用 25％三唑酮可湿性粉
剂与细土 1：200 拌匀，撒施于茎基部；也可用 25％三唑酮可湿
性粉剂 2 000 倍液灌根，或 20％甲基立枯磷乳油 1 000 倍液喷雾

或灌根。

十二、辣椒污霉病

1. 危害症状

主要危害叶片、叶柄及果实。叶片染病时，叶面初生污褐色圆形或不规则形霉点，后形成煤烟状物，可布满叶面、叶柄及果面，严重时几乎看不到绿色叶片及果实（彩图7-15）。病叶提早枯黄或脱落，果实提前成熟但不脱落。

2. 发病规律

真菌性病害，病菌以菌丝和分生孢子在病叶、土壤和植物残体上越冬，翌年产生分生孢子，借风雨、粉虱传播蔓延，引起初侵染和再侵染。湿度大、粉虱多易发病。地势低洼、排水不良、连作及棚内湿度过高、粉虱多、管理粗放等的田块发病严重。年度间春季或梅雨期间多雨的年份发病重。大棚、温室栽培辣椒容易发生污霉病，一般先局部发生，然后逐渐蔓延。

3. 防治措施

（1）农业措施：选用抗病品种。大棚等保护地栽培的辣椒应选择抗病性好的品种。加强大棚温湿度管理。大棚等保护地四周应开深沟，雨后能及时排干。平时加强通风透光，降低棚内湿度。清除病残物。及时摘除局部发生危害的病株、叶、果等，并集中销毁或深埋。采收结束后清洁田园，阻止病菌在土壤中越冬。

（2）药剂防治：在点片发生期，选用50%苯菌灵可湿性粉剂1 500倍液或40%多菌灵胶悬剂600倍液、65%甲霜灵可湿性粉剂1 500～2 000倍液，喷雾防治，每隔15天1次，连续2次，采收前15天停止喷药。

十三、辣椒叶霉病

1. 危害症状

该病害发生于叶片。初发病叶片正、背面生淡黄色椭圆形或不规则形斑，病斑2个至数个，长径0.8～1.2厘米不等。后叶正面病斑逐渐变为淡褐色，病斑上长出稀疏黑褐色霉；叶片背面病斑生白色霉层，逐渐变为黑褐色或黑褐色绒状霉层。后期叶片边缘向上卷曲，呈黄褐色干枯。

2. 发病规律

病菌以菌丝体和菌丝块随病残体在土壤中越冬，或以分生孢子附着在种子上、以菌丝体潜伏在种皮内越冬。翌年初侵染由越冬病菌产生的分生孢子借助气流传播蔓延。病菌生长温度9～34℃，最适温度20～25℃。一般3月下旬至4月份遇到连续阴雨天气、光照弱、气温22℃左右、相对湿度90％以上时，田间通风情况较差，容易发病，且病害快速蔓延。

3. 防治措施

（1）农业措施：与非茄科蔬菜作物轮作3年以上。选用抗病性强的优良品种。播种前，对种子进行消毒处理，可用52℃温水浸泡30分钟。控制氮肥施用量，防止植株徒长，抗病性降低。及时通风换气，降低棚室内的湿度，改善栽培环境条件。植株发病时，及时摘除病叶，带出棚外销毁。

（2）药剂防治：发病前，选用1∶1∶200波尔多液或77％氢氧化铜（可杀得）可湿性粉剂500～700倍液，喷施。发病初期，选用70％甲基硫菌灵可湿性粉剂800～1 000倍液或47％春雷·王铜可湿性粉剂600～800倍液、70％代森锰锌可湿性粉剂500倍液、40％氟硅唑乳油8 000倍液，喷药，每7～10天一次，连续3～4次。温室、大棚保护地栽培，发病初期，利用烟雾剂或粉尘剂防治，可选用45％百菌清烟剂（每亩250～300克）或

5％百菌清粉尘剂（每亩 1 千克），傍晚使用，每 8～10 天使用 1次，连续或交替使用 2～3 次。

十四、辣椒茎基腐病

1. 危害症状

主要危害辣椒茎基部，一般在结果期发病。茎基部皮层初发病时，外部无明显病变，茎基部以上呈全株性萎蔫状，叶色变淡；后茎基部皮层逐渐变淡褐色至黑褐色，绕茎基部一圈，病部失水变干缩，因茎基部木质化程度高，缢缩不很明显。纵剖病茎基部，木质部变暗色，维管束不变色，皮层不易剥离，根部及根系不腐烂，后期叶片变黄褐色枯死，多残留枝上不脱落。该病发病进程较慢，约 10～15 天全株枯死。

2. 发病规律

该病菌以菌丝或菌核在土壤中越冬。翌年初侵染由越冬菌丝直接侵入寄主气孔或表皮危害；再侵染由病部产生的菌丝借助水流、农具传播蔓延。病菌发育最高温度 40～42℃，最低 13～15℃，适宜 pH3.0～9.5，强酸条件下发育良好。在多阴雨天气、地面过湿、通风透光不良、茎基部皮层受伤等条件下，容易发病。

3. 防治措施

（1）农业措施：采用高畦栽培，及时排水，及时清除病株。加强种子和营养土消毒，培育无病健壮幼苗。

（2）药剂防治：苗期发病，选用 75％百菌清可湿性粉剂 600倍液或 50％福美双可湿性粉剂 500 倍液，喷雾。成株期发病，在发病初期选用 40％福美·拌种灵可湿性粉剂（每平方米用药 8～10 克，与干细土拌匀）或 50％福美双可湿性粉剂 200 倍液，涂抹发病茎基部，也可选用 75％百菌清可湿性粉剂 600 倍液或40％福美·拌种灵粉剂 800 倍液，喷雾。

十五、辣椒青枯病

1. 主要症状

发病初期，植株顶端嫩叶急剧萎蔫，夜间或阴雨天可恢复，但很快整株萎蔫不再恢复，呈青枯色。地上部叶色较淡，后期叶片变褐枯焦。病茎外表症状不明显，纵剖茎部维管束变褐色，横切面保湿后可见乳白色黏液溢出，以此区别于枯萎病。

2. 发病规律

青枯病属于细菌性病害，喜酸性土壤，环境湿度大时易发生和流行，因此常发生于高温多雨的南方，北方较少发生。病菌以病残体遗留在土壤中越冬。主要靠雨水、灌溉水及昆虫传播。从根部及茎的皮孔或伤口侵入。

3. 防治方法

（1）农业措施：选用抗（耐）病品种。对种子进行消毒处理。改良土壤，实行轮作，避免连茬或重茬，尽可能与禾本科作物实行年轮作。培育壮苗，施足底肥，适时定植，科学管理，提高植株抗性。田间出现中心病株后，及时拔除，并洒生石灰消毒，减缓病害的蔓延速度。

（2）药剂防治：发病前，选用14％络氨铜水剂300倍液或77％氢氧化铜可湿性粉剂500倍液、72％硫酸链霉素可溶性粉剂4 000倍液，喷雾，每隔7～8天1次，视病情防治2～3次。

十六、辣椒枯萎病

1. 主要症状

全株性病害，发病初期病株下部叶片大量脱落，与地表接触的茎基部皮层呈水浸状腐烂，地上部枝叶迅速凋零；有时病部只在茎的一侧发展，形成一纵向条坏死区，后期全株枯死。剖检病株地下部根系也呈水浸状软腐，皮层极易剥离，木质部变成暗褐色至煤烟色。在湿度大的条件下病部常产生白色或蓝绿色霉状物。

2. 发病规律

枯萎病病原菌可以在土壤中越冬，也可附着在种子上越冬。病菌从茎基部或根部的伤口、自然裂口、根毛侵入，进入维管束，并在维管束内繁殖，堵塞维管束的导管（水分输送通道），同时产生毒素，使叶片枯萎。病菌生长适宜温度 24～28℃，地温 15℃以上开始发病，升至 28℃时，遇到高湿天气，病害容易流行。连作地、排水不良、使用未腐熟有机肥、偏施氮肥的地块发病重。

3. 防治方法

（1）农业措施：选用抗（耐）病品种。选用 0.1％多菌灵盐酸盐＋0.1％平平加（非离子表面活性剂）溶液冷浸种 1 小时。改良土壤，实行轮作，避免连茬或重茬，尽可能与非茄科作物实行轮作。培育壮苗，施足底肥，适时定植，科学管理，加强通风排湿，改善田间通风透光条件，提高植株抗性。

（2）药剂防治：发病初期，选用 2 亿个活孢子/克木霉菌可湿性粉剂 600 倍液或 50％琥胶肥酸铜可湿性粉剂 400 倍液、50％多菌灵可湿性粉剂 500 倍液、14％络氨铜水剂 300 倍液，喷雾或灌根，每隔 7～8 天 1 次，视病情防治 2～3 次。

十七、辣椒细菌性叶斑病

1. 主要症状

主要危害叶片，在田间点片发生，发病叶片初有黄绿色不规则水状小斑点，扩大后变成红褐色至铁锈色，病斑膜质，大小不等，干燥时病斑多呈红褐色。此病发生的主要特点是，一旦侵染，扩展速度很快，当植株上个别叶片或多数叶片发病时，植株

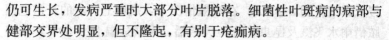

仍可生长，发病严重时大部分叶片脱落。细菌性叶斑病的病部与健部交界处明显，但不隆起，有别于疮痂病。

2. 发病规律

病原菌借风雨或灌溉水传播，从叶片伤口处侵入。与甜（辣）椒、甜菜、白菜等十字花科蔬菜连作地发病重，雨后易见该病扩展。东北及华北通常 6 月始发，7～8 月高温多雨季节蔓延快，9 月后气温降低，扩展缓慢或停止。

3. 防治方法

（1）农业措施：选用抗（耐）病品种。对种子进行消毒灭菌处理。改良土壤，实行轮作，避免连茬或重茬，尽可能与非茄科作物实行轮作。培育壮苗，施足底肥，适时定植，膜下滴灌，科学管理，提高植株抗性。

（2）药剂防治：发病初期，选用 50％琥胶肥酸铜可湿性粉剂 500 倍液或 77％氢氧化铜可湿性粉剂 400～500 倍液、14％络氨铜水剂 300 倍液、72％硫酸链霉素可溶性粉剂 4 000 倍液，喷雾，每隔 7～10 天 1 次，视病情防治 2～3 次。

十八、辣椒疮痂病

1. 主要症状

辣椒疮痂病，又名细菌性斑点病，主要危害叶片、茎蔓、果实；叶片染病后初期出现许多圆形或不规则状黑绿色至黄褐色斑点，有时出现轮纹，叶背面稍隆起，水泡状，正面稍有内凹；茎蔓染病后病斑呈不规则条斑或斑块；果实染病后出现圆形或长圆形墨绿色病斑，直径 0.5 厘米左右，边缘略隆起，表面粗糙，引起烂果。

2. 发病规律

辣椒疮痂病是一种细菌性病害。病菌依附在种子表面越冬，也可随病残体在田间越冬。旺长期易发生，病菌从叶片上的气孔侵入，潜育期 3~5 天；在潮湿情况下，病斑上产生的灰白色菌脓借雨水飞溅及昆虫作近距离传播。发病适温 27~30℃，高温高湿条件时病害发生严重，多发生于 7~8 月份，尤其在暴风雨过后，容易形成发病高峰。高湿持续时间长，叶面结露对该病发生和流行至关重要。

3. 防治方法

（1）农业措施：与非茄科作物轮作，避免连作。选用抗病品种，由于辣椒种子可携带疮痂病病原菌，催芽前选用温汤浸种或 1‰硫酸铜溶液浸种。加强育苗期管理，培育健壮椒苗，合理密植，定植后注意松土，追施磷、钾肥料，促根系发育。改善田间通风条件，雨后及时排水，降低湿度。及时清洁田园，清除枯枝落叶，收获后将病残体集中烧毁。

（2）药剂防治：发病初期，选用 72‰硫酸链霉素可溶粉剂 4 000 倍液或硫酸链霉素·土霉素可湿性粉剂 4 000~5 000 倍液、77‰氢氧化铜可湿性粉剂 500 倍液、60‰琥铜·乙膦铝可湿性粉剂 500 倍液、14‰络氨铜水剂 300 倍液等，喷雾，每 5~7 天 1 次，连续防治 2~3 次。

十九、辣椒软腐病

1. 主要症状

主要危害果实。病果初生水浸状暗绿色斑，后变褐软腐，具恶臭味，内部果肉腐烂，果皮变白，整个果实失水后干缩，挂在枝蔓上，稍遇外力即脱落。

2. 发病规律

辣椒软腐病为细菌性病害，主要发生在果实上，从虫害或其他伤口处侵入，最初果实呈水浸状暗绿色，不久全部腐烂发臭，病果到后期脱落或留挂在枝上，干枯呈白色。重茬连作、管理粗放、虫害严重、地势低洼、过度密植、偏施氮肥等都有利于该病

发生。

3. 防治方法

（1）农业措施：选用抗逆性强、抗病耐病、高产优质的优良辣椒品种。前茬收获后，彻底清理田间遗留的病残体及杂草。实行水旱轮作或与葱蒜类蔬菜实行 2～3 年轮作。加强苗期管理，培育无病壮苗。采用高畦栽培，应用微滴灌或膜下暗灌技术。加强棚室内温湿度调控，适时通风，适当控制浇水，避免阴雨天浇水，浇水后及时排湿，尽量防止叶面结露，以控制病害发生。及时整枝、抹杈，及时摘除病叶、病花、病果，摘除下部失去功能的老叶，改善通风透光条件，拉秧后及时清除病残体，并注意农事操作卫生，防止染病。

（2）药剂防治：发病初期，选用 72％硫酸链霉素可溶性粉剂 4 000 倍液或 50％琥胶肥酸铜可湿性粉剂 500 倍液、77％氢氧化铜可湿性粉剂 500 倍液、14％络氨铜水剂 300 倍液，喷雾。

二十、根结线虫

1. 主要症状

主要发生在根部的须根或侧根上，病部产生肥肿畸形瘤状结，解剖根结有很小的乳白色线虫埋于其内。一般在根结之上可生出细弱新根，并再度感染，形成根结状肿瘤。在发病初期，地上部症状并不明显，一段时间后植株表现叶片黄化，生育不良，结果少，严重时植株矮小。感病植株在干旱或晴朗天气的中午常常萎蔫，有的提早枯死。

2. 生活习性

我国辣椒根结线虫病的病原物为南方根结线虫，属于植物寄生线虫，有雌雄之分，幼虫呈细长蠕虫状；雌虫所产虫卵多在寄主组织内。根结线虫常以 2 龄幼虫或卵随病残体遗留土壤中越冬，可存活 1～3 年。翌年条件适宜，越冬卵即孵化为幼虫，继续发育并侵入寄主，刺激根部细胞增生，形成根结或瘤。幼虫发育至 4 龄时交尾产卵，雄线虫离开寄主进入土壤，不久即死亡，卵在根结内孵化发育，2 龄后离开卵壳，进入土壤进行再侵染或越冬。

3. 防治方法

（1）农业防治：合理轮作，最好进行水旱轮作，也可与葱蒜类蔬菜作物轮作。春季作物收获后，利用夏季高温，每亩撒施生石灰 75～100 千克，深耕 25 厘米，灌足水，覆盖薄膜密闭棚室 15～20 天，地表温度可达到 70℃，10 厘米土层温度也可达 60℃，可有效杀死线虫。

（2）药剂防治：在播种或定植时，选用 10％噻唑磷颗粒剂（每亩 5 千克）或 10％噻唑磷颗粒剂（每亩 10 千克）、98％～100％棉隆颗粒剂（每亩 5～6 千克），可穴施、撒施或沟施，施药深度 20 厘米，用药后立即覆土，有条件可浇水并覆盖地膜，使土壤温度控制在 12～18℃，湿度 40％以上。可选用 1.8％阿维菌素乳油（每平方米 1～1.5 克，对水 6 千克），定植前灌沟，定植后以同样药量灌根 2 次，间隔 10～15 天。

第三节　辣椒虫害

一、蚜虫

1. 主要症状

成蚜和若蚜群居在辣椒叶背、嫩茎和嫩尖危害，吸食汁液，分泌蜜露，可诱发煤污病，从而加重危害，使辣椒叶卷缩，幼苗生长停滞，叶片干枯甚至死亡。蚜虫可传播多种病毒，引起辣椒病毒病，危害极大。

2. 生活习性

蚜虫在温暖地区或温室中以无翅胎生雌蚜繁殖。其繁殖适温为 15～26℃，相对湿度为 75.8% 左右。蚜虫主要附着在叶面，吸取辣椒叶片的营养物质进行危害，是传染病毒的主要媒介。有翅胎生雌蚜体长 2.0 毫米左右，头、胸为黑色，腹部为绿色。无翅胎生雌蚜体长 2.5 毫米，黄绿色、绿色或黑绿色。

3. 防治方法

（1）农业措施：木槿、石榴及菜田附近的枯草是蚜虫的主要越冬寄主，在秋、冬季节及春季要彻底清除菜田附近杂草。

（2）物理防治：利用蚜虫趋黄性，悬挂黄色诱虫板诱杀。在田间挂银灰色塑料条或用银灰色地膜覆盖辣椒驱避蚜虫。

（3）生物防治：蚜虫的天敌有七星瓢虫、草蛉、食蚜蝇等，应注意保护它们并加以利用。

（4）药剂防治：发生初期，选用 50% 抗蚜威可湿性粉剂 2 000～3 000 倍液或 10% 吡虫啉可湿性粉剂 2 000 倍液、5% 啶虫脒可湿性粉剂 2 000 倍液、3% 除虫菊乳油 800～1 000 倍液、1.8% 阿维菌素乳油 3 000 倍液、10% 烯啶虫胺水剂 2 500 倍液，喷雾，每隔 5～7 天 1 次，连续防治 3～4 次。

二、粉虱

1. 主要症状

危害辣椒的粉虱有白粉虱和烟粉虱。成虫或若虫主要群集在辣椒叶片背面，以刺吸式口器吸吮植物汁液，被害叶片褪绿、变黄，植株长势衰弱、萎蔫，甚至全株枯死。棚室白粉虱成虫和若虫均能分泌大量蜜露，污染叶片和果实，引起煤污病，严重降低商品价值。蜜露堵塞叶片气孔，影响植株光合作用，导致减产，一般减产 10%～30%，个别严重发生的棚室甚至绝收。粉虱还可传播病毒病（彩图 7-16）。

2. 生活习性

在北方温室一年发生 10 余代，冬天室外不能越冬，华中以南以卵在露地越冬。成虫主要在植株顶部嫩叶上产卵。卵以卵柄从气孔插入叶片组织中，与寄主植物保持水分平衡，不易脱落。若虫孵化后 3 天内在叶背做短距离行走，当口器插入叶组织后开始营固着生活，失去爬行能力。白粉虱繁殖适温 18～21℃。春季随秧苗移植或温室通风移入露地。

3. 防治方法

（1）农业措施：育苗前，对苗床进行药剂消毒，熏蒸可消灭残余虫口，清除杂草、残株，减少中间寄主通风口增设尼龙纱，培育"无虫苗"。

（2）物理防治：利用粉虱的趋黄性，可在栽培地放置黄色诱虫板，每亩设 30～40 块，置于行间与植株高度相同，诱杀成虫。

（3）生物防治：利用人工释放丽蚜小蜂、中华通草蛉等防治粉虱。也可选用 0.3％印楝素乳油 1 000 倍防治。

（4）药剂防治：发生初期，选用 10％烯啶虫胺水剂 2 500 倍液或 10％吡虫啉可湿性粉剂 2 000 倍液、5％啶虫脒可湿性粉剂 2 000 倍液、1.8％阿维菌素乳油 2 000～3 000 倍液、5％噻虫嗪水分散粒剂 5 000～6 000 倍液，喷雾，每隔 5～7 天 1 次，连续防治 3～4 次。

三、茶黄螨

1. 主要症状

以成螨和幼螨集中在辣椒幼嫩部位刺吸危害，造成畸形和生长缓慢。受害叶片背面呈灰褐色或黄褐色，有油浸状或油质状光泽，叶缘向背面卷曲。受害嫩茎、嫩枝变黄褐色，扭曲畸形，茎部、果柄、萼片及果实变为黄褐色。受害的果脐部变黄褐色，木栓化和不同程度龟裂，裂纹可深达 1 厘米，如开花馒头，种子裸露，果实味苦而不能食用。受害严重的植株矮小丛生，落叶、落花、落果，不发新叶，造成严重减产。

2. 生活习性

茶黄螨繁殖的最适温度为 $16\sim23℃$，相对湿度 $80\%\sim90\%$，温暖多湿的生态环境有利于茶黄螨生长发育，但冬季繁殖力较低。茶黄螨的传播蔓延除靠本身爬行外，还可借风力、人、工具及菜苗传带，开始为点片发生。茶黄螨有趋嫩性，成螨和幼螨多集中在植株的幼嫩部位危害，尤其喜在嫩叶背面栖息取食。雄螨活动力强，并具有背负雌若螨向幼嫩部位迁移的习性。卵多散产于嫩叶背面、果实的凹陷处或嫩芽上。初孵幼螨常停留在卵壳附近取食，变为成螨前停止取食，静止不动，即为若螨阶段。

3. 防治方法

（1）农业措施：搞好冬季大棚内茶黄螨的防治工作，铲除田间和棚内杂草，及时清除枯枝败叶，以减少越冬虫源。

（2）生物防治：利用尼氏钝绥螨、德氏钝绥螨、具瘤长须螨和小花蝽等天敌防治茶黄螨。温室栽培，可引入合适的天敌控制茶黄螨危害，效果较好。

（3）药剂防治：发生初期，选用 10% 浏阳霉素乳油 $1\,000\sim1\,500$ 倍液 15% 哒螨灵乳油 $2\,000\sim3\,000$ 倍液、5% 噻螨酮乳油 $1\,500$ 倍液、73% 炔螨特乳油 $2\,000$ 倍液，喷雾，重点是植株上部，尤其是幼嫩叶背和嫩茎，每隔 $7\sim10$ 天 1 次，连续防治 $3\sim4$ 次。

四、红蜘蛛

1. 主要症状

主要聚集在辣椒叶背面，受害叶先形成白色小斑点，然后褪变成黄白色，造成叶片干瘪，植株枯死。

2. 生活习性

红蜘蛛主要以成虫、卵、幼虫、若虫 4 种虫态在作物和杂草上越冬，一般一年繁殖 $10\sim20$ 代，一般 $25℃$ 以上才开始发生，$6\sim8$ 月为发生高峰期。

3. 防治方法

（1）清洁田间：铲除田间和室内杂草，采收后及时清除枯枝落叶集中烧毁，减少越冬虫源。

（2）药剂防治：由于红蜘蛛的生活周期短、个体小、繁殖力强，应抓住早期的点、片发生阶段及时防治。施药时应注意把药液重点喷在植株上部的嫩叶背面、嫩茎、花器和嫩果上。可选用1.8%阿维菌素3 000倍液、73%炔螨特乳油2 000倍液、5%噻螨酮乳油2 000倍液、10%浏阳霉素乳油1 000～2 000倍液，药剂应轮换使用，每隔10天喷施1次，连续喷施3次。

五、烟青虫

1. 主要症状

以幼虫蛀食花蕾和果实为主，也可食害其嫩茎、叶和芽。蛀果危害时，虫粪残留于果皮内使辣椒果实失去经济价值，田间湿度大时，椒果容易腐烂脱落造成减产（彩图7-17）。

2. 生活习性

烟青虫一般一年发生4～5代，蛹在土中越冬，成虫4上中旬至11月下旬均可见。成虫产卵多在夜间，前期卵多产在寄主植物上中部叶片背面的叶脉处，后期多在果面或花瓣上。气温高低直接影响成虫羽化的早晚、卵的历期和幼虫发育的快慢，其生长发育适温为20～28℃。在蛀果危害时，一般一个椒果内只有1头幼虫，密度大时有自相残杀的特点。幼虫白天潜伏夜间活动，有假死性，老熟后脱果入土化蛹。近年来烟青虫的发生危害呈逐年加重的趋势。

3. 防治方法

（1）农业措施：及时清洁田园，在盛卵期结合整枝打杈，摘除带卵叶片，摘除虫果，消灭越冬虫源。

（2）物理防治：田间见蛾时，每3公顷安装一盏黑光灯或电

子灭蛾灯，诱杀成虫。

（3）生物防治：保护并利用赤眼蜂、长蝽、蜘蛛等，以虫治虫。在产卵高峰期选用生物农药防治，可选用10亿个病毒体/克棉铃虫核型多角体病毒可湿性粉剂80～100克，对水30～45升，或100亿个芽孢/毫升苏云金秆菌悬浮剂150倍液，喷雾，每隔5～7天1次，连续防治3～4次。

六、棉铃虫

1. 主要症状

主要以幼虫蛀食辣椒的嫩茎叶及果实，幼果常被吃空。危害时多在果柄处钻洞，钻入果内蛀食果肉（彩图7-18）。

2. 生活习性

棉铃虫又名钻心虫，成虫具有趋光趋花习性，每年可发生4代，以蛹在土壤中越冬，成虫在植株嫩叶、嫩果柄上产卵，每头雌虫产卵1 000粒以上，1头幼虫危害35个果实。棉铃虫喜温喜湿，幼虫发育以25～28℃、相对湿度75%～96%最适宜。

3. 防治方法

（1）农业措施：露地冬耕冬灌，将土中的蛹杀死。早春在青椒田边靠西北方向种一行早玉米，待棚膜揭除后，其成虫飞往玉米植株上产卵，然后清除卵粒、减少虫量。实行轮作。推广利用早熟品种，避开危害时期。加强田间管理，及时清洁田园，在盛卵期结合整枝打杈摘除带卵叶片，减少卵量，摘除虫果，压低虫口基数。

（2）物理防治：利用黑光灯诱蛾，从4月上中旬田间始见蛾时，安装黑光灯，于傍晚点灯至翌日清晨，可杀死大量飞蛾。利用电子灭蛾灯，可在成虫产卵前诱杀。

（3）生物防治：保护与利用天敌，如赤眼蜂、长蝽、花蝽、草蛉及蜘蛛等。在准确测报基础上，根据防治指标（有虫株率

2%）及时在 1～2 龄幼虫期（幼虫蛀入果实危害前）施药防治，可选用 10 亿个病毒体/克棉铃虫核型多角体病毒可湿性粉剂80～100 克对水 30～45 升或 100 亿个芽孢/毫升苏云金秆菌悬浮剂150 倍液，喷雾，每隔5～7 天 1 次，连续防治3～4 次。

七、斜纹夜蛾

1. 主要症状

斜纹夜蛾属鳞翅目夜蛾科，是一种食性很杂的暴食性害虫。初孵幼虫群集危害，2 龄后逐渐分散取食叶肉，4 龄后进入暴食期，5～6 龄幼虫占总食量的 90%。幼虫咬食叶片、花、花蕾及果实，食叶成孔洞或缺刻，严重时可将全田作物吃成光秆（彩图7-19）。

2. 生活习性

斜纹夜蛾一年发生 5～6 代，是一种喜温性害虫，发育适宜温度 28～30℃，危害严重时期 6～9 月。成虫昼伏夜出，以晚上8～12 时活动最盛，有趋旋光性，对糖、酒、醋液及发酵物质有趋性。卵多产在植株中部叶片背面的叶脉分叉处，每雌产卵 3～5 块，每块约 100 多粒。大发生时幼虫有成群迁移的习性，有假死性。高龄幼虫进入暴食期后，一般白天躲在阴暗处或土缝中，多在傍晚后出来危害，老熟幼虫在 1～3 厘米表土内或枯枝败叶下化蛹。

3. 防治方法

（1）诱杀成虫：利用成虫的趋旋光性、趋化性进行诱杀。采用黑光灯、频振式灯诱蛾，也可用糖醋液或胡萝卜、甘薯、豆饼等发酵液加少许红糖、敌百虫进行诱杀。人工捕杀，利用成虫产卵成块，初孵幼虫群集危害的特点，结合田间管理进行人工摘卵和消灭集中危害的幼虫。

（2）生物防治：在幼虫 2 龄群集危害和点片发生阶段，可结合田间管理进行重点防治，每亩选用 10 亿个病毒体/克斜纹夜蛾核型多角体病毒可湿性粉剂 40～50 克或 100 亿个芽孢/毫升苏云金秆菌悬浮剂 200～300 倍液，喷雾防治，每隔 7～10 天喷施 1 次，连续防治 2～3 次。幼虫 4 龄以后因昼伏夜出危害，施药宜在傍晚前后进行。

八、蓟马

1. 主要症状

近年来，由于保护地栽培面积日益扩大及不合理的农药使用，蓟马危害日趋严重，在秧苗及成株上均有发生。蓟马主要在叶片背面、心叶、嫩芽上锉吸危害，锉吸后在叶片上形成亮晶晶的痕迹，严重时会导致叶及嫩芽扭曲变形。

2. 生活习性

蓟马成虫活跃、善飞、怕光，多在幼果毛丛中取食，各部位叶片都能受害，但以叶背为主；卵散产于叶肉组织，幼虫入表土化蛹。蓟马可终年繁殖，终年危害，2 月上旬开始危害幼苗，5～9 月为该虫的危害高峰，10～11 月随着冬季气温下降，回到杂草越冬。

3. 防治方法

（1）农业措施：加强田间管理，及时清除田间杂草、病叶，推广地膜覆盖栽培，减少害虫的越冬基数。

（2）物理防治：利用棕榈蓟马对蓝色具有强趋性，取大小约 20～30 厘米的蓝色油光纸，粘贴于硬纸板上，蓝色纸上均匀涂不干胶，挂在近植株上部，每亩挂 20 张，可诱捕大量蓟马。

（3）药剂防治：发生初期，可采用 1.8% 阿维菌素乳油 3 000 倍液或 2.5% 多杀霉素悬浮剂 1 000～1 500 倍液、10% 吡虫啉可湿性粉剂 2 000 倍液、20% 丁硫克百威乳油 600～800 倍液、5%噻虫嗪水分散粒剂 1 500 倍液，喷雾，应注意叶背及地面喷雾，以提高防效。

九、斑潜蝇

1. 主要症状

幼虫钻叶危害，在叶片上形成由细变宽蛇形弯曲的隧道，开始为白色，后变成铁锈色，有的在白色隧道还有湿黑色细线（彩图 7 - 20）。幼虫多时，被害叶萎蔫枯死，影响产量。

2. 生活习性

斑潜蝇危害黄瓜、番茄、茄子、辣椒、豇豆、蚕豆、大豆、菜豆、西瓜、冬瓜、丝瓜等22个科110多种植物。该虫在南方各省年发生一般21～24代，无越冬现象，成虫以产卵器刺伤叶片，吸食汁液，雌虫把卵产在部分伤孔表皮下，卵经2～5天孵化，幼虫期4～7天，末龄幼虫咬破叶表皮在叶外或土表下化蛹，蛹经7～14天羽化为成虫，每世代夏季2～4周，冬季6～8周。

3. 防治方法

（1）农业措施：加强田间管理，及时清除各种残茬或杂草，培育无虫幼苗。定植前对有虫源的温室、大棚进行闭棚熏蒸，并将带有虫卵、幼虫、蛹的残株进行掩埋或堆沤处理，可以有效杀死斑潜蝇。施用的农家肥要充分腐熟，以免招引成虫产卵。

（2）物理防治：利用成虫具有趋黄性，可用黄板涂机油诱杀，也可采用高温闷棚进行防治。

（3）药剂防治：在产卵盛期和孵化初期进行药剂防治，选用1.8%阿维菌素乳油 3 000～6 000 倍液或5%顺式氯氰菊酯乳油 5 000～8 000 倍液、10%灭蝇胺悬浮剂 800 倍液等，在早晨或傍晚喷药防治。

十、蛴螬

1. 主要症状

活动于地下，取食辣椒地下部分，食害已萌芽的种子，咬断幼苗或成苗的根、茎，致使植株枯死，造成缺苗断苗，断口整齐。

2. 生活习性

蛴螬是金龟子的幼虫，主要在未成熟的粪中产生。幼虫主要取食植株的地下部分，直接咬断根和茎，使植株死亡。耕层土温达到5℃时开始移向土表，13～18℃土温为活动盛期。蛴螬喜湿润，阴雨天危害加重。成虫有假死性、趋旋光性，特别喜欢未腐熟的有机肥。

3. 防治方法

（1）农业措施：秋后深翻土地，冻垡，可明显降低翌年的虫量；施用充分腐熟的有机肥，用塑料薄膜覆盖堆闷，高温杀死肥料中的害虫；避免施用未腐熟的有机肥。

（2）物理防治：在成虫盛发期，利用金龟子的趋旋光性进行人工捕捉或用黑光灯诱杀。配制糖醋液（糖：醋：水＝1：3：6）诱盆，置于田间地头诱杀。

（3）生物防治：天敌主要有茶色食虫虻、金龟子黑土蜂等。土蜂是寄生金龟子幼虫蛴螬的重要天敌，人工种植或保护蜜源植物（蛇床、水芹、老山芹、茴香、珍珠梅、香蓼、东方蓼、老牛错、烟管蓟等），保护与利用土蜂，对蛴螬起到良好的自然控制作用。

（4）药剂防治：发现有幼虫危害时，每亩选用40亿个孢子/克卵孢白僵菌粉剂2.5千克，或20亿个孢子/克金龟子绿僵菌粉剂2千克、100亿个芽孢/毫升苏云金秆菌粉剂300克，拌湿土50～70千克，于定植前施入土中，具有较好的防治效果。

十一、小地老虎

1. 主要症状

小地老虎是一种杂食性害虫，可危害多种蔬菜幼苗。幼虫3龄前大多在叶背和叶心昼夜取食而不入土，3龄后白天潜伏在浅土中，夜出活动取食。苗小时齐地面咬断辣椒植株嫩茎，拖入穴中。5～6龄进入暴食期，占总取食量的95％。成虫昼伏夜出，尤以黄昏后活动最盛，并交配产卵。成虫对灯光和糖醋有趋性，3龄后的幼虫有假死性和互相残杀的特性，老熟幼虫潜入土内筑室化蛹。

2. 生活习性

小地老虎一年发生3～4代，老熟幼虫或蛹在土内越冬。早春3月上旬成虫开始出现，一般在3月中下旬和4月上中旬会出现两个发蛾盛期。成虫白天不活动，傍晚至前半夜活动最盛，喜欢吃酸、甜、酒味的发酵物和各种花蜜，并有趋旋光性。幼虫共分6龄，1、2龄幼虫先躲伏在杂草或植株的心叶里，昼夜取食，这时食量很小，危害也不十分显着；3龄后白天躲到表土下，夜间出来危害；5、6龄幼虫食量大增，每条幼虫一夜能咬断辣椒幼苗4～5株，多的达10株以上。幼虫3龄后对药剂的抵抗力显着增加。

3. 防治方法

（1）农业措施　早春铲除田园杂草，减少产卵场所和食料来源，春耕多耙，消灭土面上的卵粒，秋冬深翻晒垡或冻垡，破坏其越冬场所。

（2）物理防治：配制糖醋液（糖：醋：酒：水：药＝6：3：1：10：1），将诱液放进盆内，傍晚时置入田间，高度距离地面1米处，次日上午收回。

（3）药剂防治：于低龄幼虫盛发期选用苜核·苏云菌悬浮剂

500～750倍液，灌根。由于病毒可在病虫体内大量繁殖，并在土壤中传播，能不断感染害虫，具有持续的危害作用，可选用白僵菌或绿僵菌，灌根或毒土。

第四节 设施辣椒病虫害综合防治

塑料大棚和日光温室因有塑料薄膜覆盖，形成了一个相对封闭的特殊小气候，导致了辣椒病虫害的发生规律与自然条件相比有较大的差异。针对棚室辣椒病虫害的发生特点，宜采用"预防为主，综合防治"的防治策略。

一、设施辣椒病虫害发生特点

(一)发生季节性不明显

棚室人为创造了适宜辣椒生长的小气候环境，使辣椒生产季节大大延长，休闲时间少，但也为辣椒病原菌、害虫的生长发育营造了一个舒适的环境。棚室病虫害的发生同样也表现出季节性相对不明显、危害时间长的特点，尤其是南方地区棚室内的病原菌、害虫不需冬眠越冬，可周年繁殖，四季危害。

(二)喜湿病原菌、害虫发生严重

冬春季节由于夜晚密闭保温，导致棚室内湿度大，空气相对湿度往往可达90％～100％，植株表面常凝结有露珠，致使灰霉病、疫病、菌核病、霜霉病、软腐病等病害发生严重，同时喜潮湿环境的害虫，如蜗牛、蛞蝓等时有发生。

(三)小型害虫危害严重

由于棚室栽培管理强度大、隔离条件好，大型害虫不易大量发生，而小型害虫如蚜虫、蓟马、粉虱、螨类、斑潜蝇等既可在露地越冬，又可在棚室内继续生长繁殖。

（四）病虫害易爆发成灾

棚室内湿度大，十分适合病菌繁殖，尤其是冬春季节植株叶面结露后，病菌侵染很快，在通风不良的条件下易迅速蔓延成灾。棚室内害虫不受风雨和天敌危害，繁殖迅速，也易爆发成灾。

（五）土传病害严重

由于棚室固定性强，适宜与辣椒轮作的种类仅局限于茄果类、瓜类、豆类等少数几种，轮作余地较小，有利于土传病害病原菌的生长繁殖。

二、设施辣椒病虫害的综合防治

棚室作为一种人工系统，其相对封闭的环境条件可控性强，光、温、水、肥、气均可调控，且棚室与棚室之间相互隔离，外部病虫入侵相对比较难，每个棚室的面积相对较小，为病虫害综合防治提供了有利条件。棚室辣椒病虫害采用"预防为主，综合防治"的防治策略。

（一）农业防治

1. 实行轮作制度

由于受到土地资源、设施条件的限制，辣椒的连作现象十分普遍，连作障碍严重，辣椒疫病、根结线虫病等土传性病害对辣椒产量的影响极大。与葱蒜类、十字花科类、根菜类等蔬菜作物或与水稻、水麦等大田作物轮作，可有效克服连任障碍，其中与水稻的水旱轮作效果最佳（彩图 7-21）。

2. 选用优质农膜

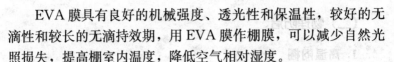

EVA膜具有良好的机械强度、透光性和保温性，较好的无滴性和较长的无滴持效期，用EVA膜作棚膜，可以减少自然光照损失，提高棚室内温度，降低空气相对湿度。

3. 加强通风换气

设施辣椒栽培通过通风换气，达到调节温度、降低湿度、促进气体交换的目的，通风掌握"先小后大，逐步进行"的原则，根据温度、风向，灵活掌握通风口位置、大小、时间长短等。冬春季低温季节，晴好天气上午适当提早通风，阴雨天可打开朝南的通风口通风，降低棚室内湿度，通风时要防止冷风直接吹入棚室内。采用物联网技术能随时掌握棚室内的温度、湿度变化（彩图7-22，7-23），有效提高田间管理效率。

4. 补充CO_2

设施栽培中气体交换受到限制，易造成室内CO_2时段性不足，使作物不能正常进行光合作用。增施CO_2可促进植株光合作用，使植株生长势增强，抵抗力提高。

5. 采用全田覆盖

栽培畦面覆盖地膜，可大大降低地表水分蒸发、减少灌水次数，如再在走道上覆盖稻草等物，基本可以抑制土壤水分蒸发，降低棚室内空气湿度，也可减少土壤中盐分积累。

6. 合理施用有机肥

有机肥营养成分全面、肥力持久，可改善辣椒根系的生长环境，对促进辣椒植株健壮生长、满足植株持续开化结果具有重要的作用。化学肥料效果明显，但过度使用化肥，不但会降低辣椒产品的品质，还会加剧土壤的次生盐渍化。

7. 无土栽培

无土栽培是指采用营养液或固体基质加营养液栽培辣椒的方法，与常规土壤栽培比较，无水栽培产量高、品质好、节约水分和养分、清洁卫生、省力省工、易于管理，同时还可以避免土壤连作障碍，非常适合辣椒绿色产品的生产（彩图7-24）。

（二）物理防治

1. 高温闷棚

在换茬、闲茬期间，利用夏秋季高温炎热天气，盖严塑料薄膜，关好棚室门和放风口，密闷棚室 7～15 天，使棚室内温度尽可能提高，可有效预防枯萎病、青枯病、软腐病、线虫等土传病害发生，同时高温也能杀死害虫虫卵。施入有机肥后进行高温闷棚，不但可杀灭肥料的病菌，还可促进营养成分的分解，有利于植株的吸收。

2. 温汤浸种

温汤浸种简单、经济，不但可杀死附着在种子上的病菌，而且可以促进种子吸收水分。辣椒温汤浸种使用 55～60℃ 的热水，水量是种子的 6 倍左右，将种子放入水中不停地搅拌 10～15 分钟，水温降至 30℃ 时停止搅动。

3. 色板诱杀

有翅蚜虫、粉虱、斑潜蝇等害虫有趋黄习性，可用 30 厘米×40 厘米的黄板涂上机油，挂（插）在棚室内，每亩地用 20～25 张，可有效降低虫口密度（彩图 7 - 25）；利用蓟马等害虫的趋蓝习性，可用蓝色黏板诱杀（彩图 7 - 26）。诱虫色板每隔 7～10 天涂 1 次机油，以防油干而影响诱捕效果。根据虫害发生情况单独使用或同时使用。

4. 驱避蚜虫

银灰色地膜透光率为 15％，反光率高于 35％，反光中带有红外线，对蚜虫有驱避作用。在大棚通风口处悬挂银灰色膜，可驱避蚜虫，并且增加棚室内的光照。

5. 防虫网隔离

防虫网可有效阻止虫害入侵，大幅度减少杀虫剂的使用量，是无公害辣椒栽培的关键技术之一。夏秋育苗的大棚，配套使用防虫网，可有效隔离蚜虫、烟粉虱等主要害虫的侵害。夏秋季育苗，一般选用规格为 25～40 目的银灰色网，既可隔离害虫，又不影响育苗棚内通风透气。防虫网覆盖主要有全网覆盖法和网膜结合覆盖法，四周接地处用土压紧，使大棚内部形成与外界隔开的封闭空间（彩图 7 - 27）。

6. 频振式杀虫灯诱杀

利用害虫成虫的趋光、颜色等特性，引诱成虫扑灯，灯外配以高压电网将害虫击晕落入接虫袋（彩图 7 - 28）。由于频振式杀虫灯将害虫直接诱杀在成虫期，降低了田间落卵量，从而减少了田间幼虫数量，达到杀灭害虫控制危害的目的。

7. 淹水杀菌

在夏秋季高温天气（一般在每年 6～8 月），利用前茬与后茬中间的生产空档，结合高温闷棚，在大棚或日光温室放入大水，淹水 15 天，不仅可有效杀死土壤中的病原菌，而且可以洗掉部分盐分。

（三）生物防治

1. 以虫治虫

在保护地栽培环境中，利用天敌防治虫害，如利用广赤眼蜂防治棉铃虫、烟青虫、菜青虫，利用丽蚜小蜂防治温室粉虱，利用烟蚜茧蜂防治桃蚜、棉蚜等。

2. 以菌治虫

选用细菌性杀虫剂苏云金杆菌防治烟青虫、棉铃虫等鳞翅目害虫的幼虫，选用座壳孢菌剂防治温室白粉虱。

3. 以抗生素治虫

浏阳霉素乳油对螨类触杀作用较强，阿维菌素乳油对叶螨类、鳞翅目、双翅目幼虫有很好的防治效果。

4. 以抗生素治病

武夷菌素对白粉病、叶霉病等有较好的防治效果。抗霉菌素120 水剂对白粉病、炭疽病、疫病、灰霉病有较好的防治效果。

硫酸链霉素、硫酸链霉素·土霉素对细菌性病害具有很好的防治效果。

5. 以病毒制剂防治

弱毒疫苗 TMV-N14 可以防治由烟草花叶病毒侵染引起的辣椒病毒病，同时有刺激生长、促进果实早熟增产的作用。棉铃虫核型多角体病毒可湿性粉剂可防治棉铃虫、烟青虫，斜纹夜蛾核型多角体病毒可湿性粉剂可防治斜纹夜蛾。

(四) 化学防治

1. 对症下药 辣椒病虫害种类比较多，病害有生理性病害、侵染性病害，侵染性病害还分病毒性病害、真菌性病害、细菌性病害，某些病害的症状相似，用药时，要正确辨别病虫害种类，有针对性地选择合适的农药进行防治。

2. 适时适量用药

加强病虫测报，及时掌握病情、虫情，并根据病虫害的发生规律，严格掌握最佳防治时期和最佳农药用量。如对烟青虫、棉铃虫的防治，必须在钻果前进行，蛀入果实后基本就没有针对性的防治措施了。

3. 交替用药

为了避免病虫产生抗药性，可选择不同作用机制的农药，如内吸杀菌剂与触杀式杀菌交替使用。交替用药不但能提高单种药剂的防治效果，而且还能延长某种优良农药品种的使用年限。

4. 混合用药

多种病虫害同时发生时采用混合用药，以达到一次施药控制多种病虫害的目的。用足量的水先配好一种单剂的药液，再用这种药液稀释另一种单剂，而不能先混合两种单剂，再用水稀释。混用农药以 2~3 种为宜，不宜过多，以免出现药害。为了提高药效，混合用药应注意保持各有效成分的化学稳定性，保证药液的物理性状不被破坏，避免出现乳化不良、分层、浮油、沉淀、絮结等现象。

5. 灵活选用农药剂型和施药方法

我国南方冬春季以多雨、寡照、高湿天气为主，为了不增加棚室内湿度，应选用百菌清、腐霉利、克菌灵、霜脲锰锌、敌敌畏、灭蝇灵、异丙威等烟雾剂熏蒸，或用防霉灵、百菌清、得益等粉尘剂喷粉。在干旱条件下或在烟雾剂、粉尘剂不能有效控制病虫危害的情况下，才考虑采用喷雾等施药方法。

三、无公害辣椒生产农药使用技术

（一）对症下药

辣椒病害分为生理性病害和侵染性病害，侵染性病害病原有病毒、真菌、细菌、线虫，某些病害的发病症状类似。用药时，在充分了解农药性能和使用方法的基础上，根据防治病虫害种类，选用合适的农药类型或剂型。

（二）适期用药

根据病虫害的发生规律，严格掌握最佳防治时期，做到适时用药。对病害要求在发病初期进行防治，控制其发病中心，防止其蔓延发展，一旦病害大量发生和蔓延就很难防治；对虫害则要求做到治早、治小、治了，虫害达到高龄期防治效果就差。不同的农药具有不同的性能，防治适期也不一样。生物农药作用较慢，使用时应比化学农药提前 2～3 天。

（三）科学用药

要注意交替轮换使用不同作用机理的农药，不能长期单一化使用某种药剂，防止病原菌或害虫产生抗药性，利于保持药剂的防治效果和使用年限。蔬菜生长前期以高效低毒的化学农药和生物农药混用或交替使用为主，生长后期以生物农药为主。使用农药应推广低容量喷雾法，并注意均匀喷施。

（四）选择正确的用药部位

施药时根据不同时期、不同病虫害的发生特点确定植株不同部位为靶标，进行针对性施药。达到及时控制病虫害发生、减少病原和压低虫口数的目的，从而减少用药。例如霜霉病的发生是由下部叶开始向上发展的，早期防治霜霉病的重点在下部叶片，可以减轻上部叶片染病。蚜虫、白粉虱等害虫栖息在幼嫩叶子的背面，因此喷药时必须均匀，喷头向上，重点喷叶背面。

（五）合理混配药剂

采用混合用药方法，达到一次施药控制多种病虫危害的目的，从而提高劳动效率。农药混配以保持原有效成分或有增效作用、不增加对人畜的毒性、具有良好物理性状为前提。一般中性农药之间可以混用；中性农药与酸性农药可以混用；酸性农药之间可以混用；碱性农药不能随便与其他农药混用；微生物杀虫剂（如苏云金秆菌）不能与杀菌剂及内吸性强的农药混用。混合农药应随配随用。

（六）严格执行安全间隔期

应严格掌握农药使用安全间隔期，禁止在安全间隔期内采收辣椒上市。不同农药的安全间隔期不同，如霜霉威 3～5 天，霜脲氰 14 天，乙烯菌核利 4 天，木霉菌 7 天，百菌清、代森锌、多菌灵 14 天以上，菇类蛋白多糖 7 天，丁硫克百威 15～25 天，炔螨特 7 天，噻螨酮 30 天。具体使用时，应严格按照产品说明书规定的操作规程使用。

参考文献

方智远，侯喜林，祝旅，等.2004.蔬菜学.南京：江苏科学技术出版社.

耿三省，陈斌，张晓芬.2009.小辣椒（朝天椒）栽培百问百答.北京：中国农业出版社.

胡文权.2001.辣椒趣话.烹调知识（12）：44-45.

邹学校.2002.中国辣椒.北京：中国农业出版社.

图书在版编目（CIP）数据

辣（甜）椒安全生产技术指南/王述彬，潘宝贵，刁卫平编著．—北京：中国农业出版社，2012.11
（农产品安全生产技术丛书）
ISBN 978 - 7 - 109 - 17327 - 9

Ⅰ.①辣… Ⅱ.①王…②潘…③刁… Ⅲ.①辣椒－蔬菜园艺－指南②甜辣椒－蔬菜园艺－指南 Ⅳ.①S641.3 - 62

中国版本图书馆 CIP 数据核字（2012）第 258580 号

中国农业出版社出版
（北京市朝阳区农展馆北路 2 号）
（邮政编码 100125）
责任编辑 杨天桥

北京通州皇家印刷厂印刷 新华书店北京发行所发行
2013 年 1 月第 1 版 2013 年 1 月北京第 1 次印刷

开本：850mm×1168mm 1/32 印张：6 插页：8
字数：140 千字
定价：25.00 元
（凡本版图书出现印刷、装订错误，请向出版社发行部调换）

彩图2-2　苏椒16号

彩图2-1　苏椒17号

彩图2-3　苏椒15号

彩图2-4　苏椒14号

彩图2-5　苏椒11号

彩图2-6　苏椒5号

彩图2-7　苏椒13号

彩图2-8　中椒105

彩图2-9　中椒107

彩图2-10　京甜1号

彩图2-11　京甜3号

彩图2-12　冀妍15号

彩图2-13　海丰25号

彩图3-1　作坊式育苗

彩图3-2　工厂化育苗

彩图3-3　火热苗床

彩图3-4　塑料钵育苗

彩图3-5　穴盘育苗

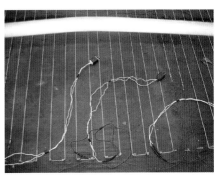

彩图3-6　布线间距

彩图3-7　布线后覆土

彩图3-8　床土配制

彩图3-9　基质装盘

彩图3-10　种子处理

彩图3-11　人工播种

彩图3-12　机械播种

彩图3-13　苗期管理

彩图3-14　穴盘苗运输1

彩图3-15　穴盘苗运输2

彩图3-16　嫁接育苗1

彩图3-17　嫁接育苗2

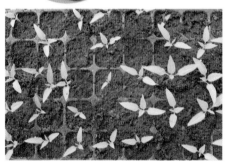

彩图3-18　出苗不齐

彩图3-19　戴帽出土

彩图4-1　施足基肥

彩图4-2　整地作畦

彩图4-3　覆盖地膜

彩图4-4　定植

彩图4-5　覆盖草苫

彩图4-6　堆肥

彩图4-7　整地作畦

彩图4-8　温湿度控制

彩图4-9　定植

彩图4-10　温度管理

彩图4-11　通风透光

彩图5-1　焊接式大棚

彩图5-2　装配式大棚

彩图5-3　水分管理

彩图5-4　光照调节

彩图5-5　吊蔓

彩图5-6　支架

彩图5-7 采收

彩图5-8 采收上市

彩图5-9 秋延后育苗

彩图5-10 田间管理1

彩图5-11 田间管理2

彩图5-12 采收上市

彩图5-13　连栋大棚

彩图5-14　整地

彩图5-15　作畦

彩图5-16　铺设滴灌与地膜

彩图5-17　定植

彩图5-18　水肥管理

彩图5-19　支架

彩图5-20　吊蔓

彩图6-1　合理密植

彩图6-2　中耕除草

彩图6-3　麦椒套作

彩图6-4　露地定植

彩图6-6　与花生套作

彩图6-5　与玉米套种

彩图6-7　分级上市

彩图6-8　高山辣椒

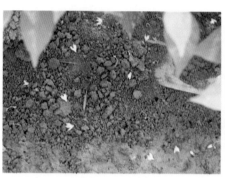

彩图7-1　落花

彩图7-2　落果

彩图7-3　冷害

彩图7-4　日灼

彩图7-5　脐腐

彩图7-6　猝倒病

彩图7-7　立枯病

彩图7-8　病毒病1

彩图7-9　病毒病2

彩图7-10　疫病

彩图7-11　炭疽病

彩图7-12　菌核病

彩图7-13　白绢病1

彩图7-14　白绢病2

彩图7-15　污霉病

彩图7-16　粉虱

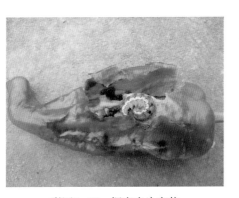

彩图7-17 烟青虫为害状

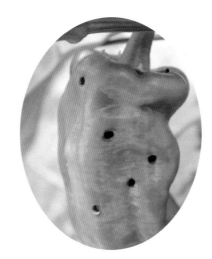

彩图7-18 棉铃虫为害状

彩图7-19 斜纹夜蛾为害状

彩图7-20 斑潜蝇为害状

彩图7-21 水旱轮作

彩图7-22 物联网1

彩图7-24　无土栽培

彩图7-23　物联网2

彩图7-25　色板诱杀1

彩图7-26　色板诱杀2

彩图7-27　防虫网

彩图7-28　杀虫灯